光伏发电系统
理论与运维

陈晓弢　刘保松　田　洲　吕学斌　周元贵　余家喜
贾　飞　李庆锋　张　佳　等　编著

中国电力出版社
CHINA ELECTRIC POWER PRESS

内 容 提 要

本书根据中国能源化学地质工会全国委员会、中国职工技术协会 2023 年在青海举办的首届全国光伏技能竞赛要求，由青海大学联合八家能源央企的光伏领域专家结合生产实际编制。本书内容主要包括光伏发电基础理论、光伏发电站安全环保管理、一次系统与储能技术、继电保护及安全自动装置，以及光伏发电站并网运行技术、运行与检修、典型生产操作等内容。本书力求理论与工程实践相结合，既有理论设计、分析，又有实践与运行实操的拔高。

本书适合光伏设计、运维工程师及高等院校相关专业师生阅读使用。

图书在版编目（CIP）数据

光伏发电系统理论与运维/陈晓弢等编著 . --北京：中国电力出版社，2024.8. -- ISBN 978 - 7 - 5198 - 9115 - 2

Ⅰ. TM615

中国国家版本馆 CIP 数据核字第 2024UE1845 号

出版发行：中国电力出版社
地　　址：北京市东城区北京站西街 19 号（邮政编码 100005）
网　　址：http://www.cepp.sgcc.com.cn
责任编辑：赵鸣志（010 - 63412385）
责任校对：黄　蓓　王海南
装帧设计：张俊霞
责任印制：吴　迪

印　　刷：三河市万龙印装有限公司
版　　次：2024 年 8 月第一版
印　　次：2024 年 8 月北京第一次印刷
开　　本：787 毫米×1092 毫米　16 开本
印　　张：12.75
字　　数：250 千字
印　　数：0001—1000 册
定　　价：68.00 元

本书编写人员名单

主要编写人员   陈晓弢   刘保松   田   洲   吕学斌   周元贵

余家喜   贾   飞   李庆锋   张   佳

参与编写人员   王玉秋   保善营   张维涛   彭福星   王   琪

万志良   李   旋   王有福   高   翔   王柯敏

石玉洁   周   猛

审 校 人 员   喻新根   胡程诚   罗   雯

前　言

在"双碳"目标的政策引领下，各行各业都在加速绿色低碳转型。电能作为高品味的能源形式，是构建清洁低碳、安全高效现代能源体系的主体，也是减碳的"主战场"。在电源侧大力开发以风、光为代表的新能源，是构建新型电力系统、实现"双碳"目标的重要途径。随着我国沙戈荒地区新能源大基地陆续投运，培养适应新能源高质量发展的高技能、创新型人才队伍迫在眉睫。2023年，中国能源化学地质工会和中国职工技术协会在青海共和举办了首届全国光伏职业技能竞赛，共有12家电力集团和3家省级工会的132名选手参加比赛，开辟了我国光伏从业人员技能比拼的国家级赛场。

本书根据全国光伏职业技能竞赛对技能人才考查要求，结合能源央企相关专家意见编制而成。全书共8章，主要内容包括光伏发电基础理论，光伏发电站安全环保管理、一次系统与储能技术、继电保护及安全自动装置、并网运行技术、运行与检修、典型生产操作等。本书由青海大学担任主编单位，国家电力投资集团有限公司、中国华能集团有限公司、中国华电集团有限公司、中国大唐集团有限公司、国家能源投资集团有限责任公司、中国长江三峡集团有限公司、中国绿发投资集团有限公司、中国广核集团有限公司参加了编写。上海交通大学喻新根教授、胡程诚，国家电投集团黄河上游水电开发有限责任公司罗雯对书稿进行了精心审校，对此一并表示衷心感谢。由于本书内容涉及范围较广，且编写时间紧，书中难免存在疏漏之处，敬请读者提出宝贵意见，以便本书再版时改进。

编者

2024 年 5 月

目 录

第一章 概　　述

随着世界人口的增加和工业化进程的加速，人类对化石能源（如煤炭、石油和天然气）的需求愈发迫切。而化石能源是一种非可再生资源，不仅储量有限，在其开采、生产和使用过程中还会产生大量的温室气体和污染物，对环境和气候变化造成巨大影响。风能和太阳能等新能源属于清洁可再生资源，具有储量丰富、环境友好、二氧化碳零排放等优点，受到了世界各国的重视。

第一节　"双碳"目标下光伏行业的意义

"双碳"目标，即"碳达峰"和"碳中和"，是中国为应对全球气候变化、推动经济高质量发展提出的重大战略，其中清洁能源的开发与应用成为关键举措之一。在此背景下，光伏行业被赋予了重要的历史使命和战略意义。

一、跨越能源转型的里程碑

"双碳"目标下，实现碳达峰和碳中和是一项庞大而紧迫的任务。光伏行业作为清洁能源的代表之一，为能源转型提供了卓越的解决方案。通过大规模的光伏发电，可以显著减少对传统高碳能源的依赖，为实现低碳、绿色、可持续的能源体系迈出了关键的一步。

二、温室气体排放的有效削减

气候变化背后的主要原因之一是大气中温室气体的不断增加。光伏行业的兴起为社会提供了一个能够显著减少二氧化碳等温室气体排放的途径。通过光伏发电技术及光伏产业的快速发展，能够有效降低电力生产过程中二氧化碳的排放，为实现碳中和目标创造了有力的技术支持。

三、能源结构的革新与优化

传统的能源结构主要依赖于煤炭、石油等高碳能源，光伏发电作为一种清洁能源形式，有助于推动能源结构的革新。通过逐渐替代传统能源，有望在全球范围内推动能源

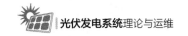

结构的优化，实现由高碳向低碳的战略性变革。

四、 创造绿色经济和可持续就业

光伏行业的迅猛发展催生了一个庞大的产业链，涵盖了从材料生产到组件制造、光伏发电站建设与运维的多个环节。这不仅为社会创造了大量就业机会，还催生了绿色经济的发展。在"双碳"目标的引领下，光伏行业的可持续发展有望成为经济增长的新引擎。

五、 创新科技的推动者

为了更好地适应气候变化和实现碳中和目标，光伏行业不断进行科技创新。从提高光伏发电效率到推进储能技术革新，其在技术层面的不断突破推动了整个清洁能源领域的发展。光伏行业的科技创新为解决能源转型过程中的技术难题提供了强有力的支持。

总之，"双碳"目标下的光伏行业不仅仅是能源转型的重要推手，更为构建低碳、清洁、绿色的未来社会提供了可行性和实践性的路径，在技术、经济、环境等方面的积极贡献，将为全球社会的可持续发展带来深远而积极的影响。

第二节　光伏产业国内外技术发展现状

一、 光伏发电技术发展现状

光伏发电技术涵盖很多方面，主要包括材料科学、设备技术、电池设计、系统集成、电网连接、市场推广、能量储存等方面。

在材料科学方面，通过对新材料的研究和创新，提高光伏电池的效率、稳定性和成本效益，其中包括新型半导体材料、光敏材料等。在设备技术上，不断改进生产设备和制造工艺，提高光伏电池的制造效率和降低成本。在电池设计方面，主要是优化电池的结构和设计，最大限度地提高光电转换效率、稳定性和寿命。在系统集成方面，提高光伏系统的整体性能，包括逆变器、储能系统和其他组件的集成，以确保系统在各种条件下都能高效运行。在电网连接上，研究和改进光伏发电系统与电网的连接技术，以确保可靠且高效的电力输送。在能量储存方面，通过改进储能技术，以解决光伏系统不稳定性和电力需求波动的问题，提高系统的可靠性和灵活性。

这些方面相互融合，共同推动了光伏技术的不断发展，可以更好地满足能源需求，促进清洁能源产业链的可持续发展。

（一）光伏电池

光伏电池技术是光伏发电系统的核心，其主要包括硅基光伏电池、薄膜光伏电池，以及新型材料如钙钛矿光伏电池等。这些电池基于光生伏特效应，即当光子照射到半导体材料上时，会激发电子，形成电流。硅基光伏电池是最常见的光伏电池技术，其通过P-N结构将光子能量转化为电能。电池由两种类型的硅组成：P型硅和N型硅。在P型硅中，硅原子通过掺杂三价元素，形成带正电荷的空穴；在N型硅中，通过掺杂五价元素形成自由电子，两者形成PN结。当光子击中PN结时，激发了电子从P型硅向N型硅移动，形成光生电流。

薄膜光伏电池的工作原理则涉及在基底上沉积一个薄膜光吸收层，如非晶硅、铜铟镓硒等。光子击中吸收层，激发电子形成电流。这些薄膜的柔韧性和轻量使得它们适用于特殊形状和场景。钙钛矿光伏电池是一种相对新兴的技术，其光敏层由钙钛矿材料构成，具有较高的光电转换效率。光子击中钙钛矿层，激发电子的释放和电流的产生。部分光伏电池片实物如图1-1所示。

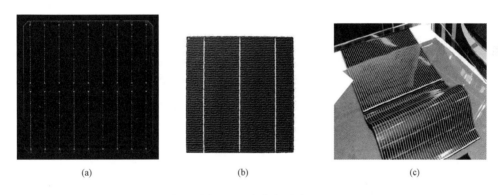

(a)	(b)	(c)

图1-1　光伏电池片

（a）单晶硅光伏电池片；（b）多晶硅光伏电池片；（c）薄膜（钙钛矿）光伏电池片

上述技术原理说明了光伏电池是如何将太阳能转换为电能的，而其发展现状则侧重于提高转换效率、降低成本、引入新型材料，以推动光伏电池技术的不断进步。图1-2所示为美国国家可再生能源关验室（National Renewable Energy Laboratovy，NREL）给出的近五十年光伏电池的转换效率。

（二）光伏组件

光伏组件是由多个光伏电池片经串联封装而成，实现光—电能量转化，主要分为硅基组件和薄膜组件。硅基组件是将多个硅基光伏电池串联和并联，形成一个电池阵列，这些电池阵列通过金属导线（通常为银）连接，形成一个光伏组件。薄膜组件是将光伏电池的薄膜层沉积在柔性基底上，可以更灵活地适应不同的表面形状，并在一些特殊场景中应用。

截至2022年底，全球光伏组件产能和产量分别达682.7GW、347.4GW，同比分别增长46.8%、57.3%，继续保持快速增长。图1-3所示为光伏组件产能发展情况，由图

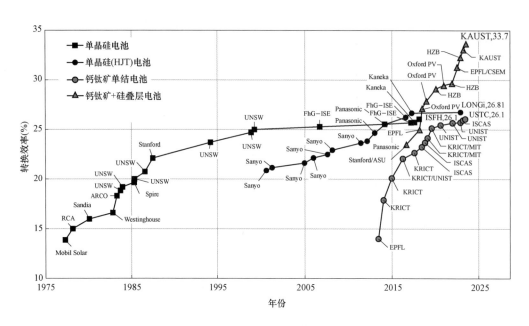

图1-2 近五十年光伏电池的转换效率发展示意

可知，光伏产能和产量持续增长，尤其在"双碳"目标的政策引领下，2018～2022年，产能有了较为迅猛的增长。2023年全球晶硅组件的产能已达到1000GW以上，但需求规模仅为525GW。预计2024年全球晶硅组件产能将达到1400GW以上。

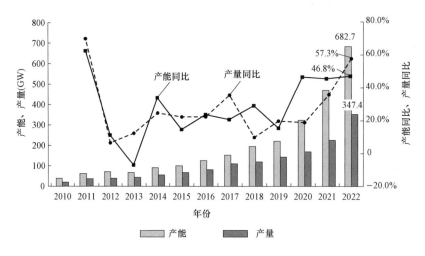

图1-3 光伏组件产能发展情况

近五年来，光伏行业技术发展主要聚焦在电池效率的持续提升、高效组件封装技术的优化以及硅片尺寸的增加等方面，尤其随着隧穿氧化层钝化接触光伏电池技术（Tunnel Oxide Passivated Contact，TOPCon）、异质结电池技术（Hetero junction with Intrinsic Thin-film，HJT）及背接触电池技术（XBC）逐步投入产业化，光伏组件转换效率也进一步提升。无论哪种途径，提升组件转换效率主要围绕减少光学损失和电学损失两个维度。其中，光学损失涉及玻璃、胶膜、焊带表面反射和吸收损失，电池片表面反射损失，电池片间的光损失；电学损失涉及电池内阻损失，主、副栅电阻损失，焊带与主栅接触损耗，焊带、汇流带电阻损失，以及接线盒、导线、接插头电阻损失等。光伏组件如图1-4所示。

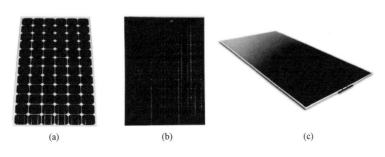

(a)   (b)   (c)

图1-4　光伏组件

（a）单晶硅光伏组件；（b）多晶硅光伏组件；（c）非晶硅（薄膜）光伏组件

（三）光伏组件系统设计

光伏组件系统设计关注整个光伏系统的性能提升，其中主要包括组件排列的优化、太阳能跟踪系统和组件表面清洁技术。系统设计的目标是最大限度地捕获太阳光能并将其转化为电能。组件排列优化可以提高光伏电池之间的光吸收效率，通过科学的组件排列方式，使得太阳能辐射充分覆盖整个光伏组件表面，提高能量转换效率。太阳能跟踪系统能够调整光伏组件的朝向，使组件随着太阳的运动调整角度，更有效地接收太阳辐射，提高发电效率。组件表面清洁技术则确保组件表面保持清洁，更好地吸收光能，这对于维持高效发电至关重要。不断开发和应用清洁技术，如自洁涂层或机器人清洁，有望减少污秽对发电量的影响。

智能化设计是当前光伏组件系统设计的主要趋势之一。通过引入智能控制系统，监测天气状况、优化组件排列和调整太阳能跟踪系统，系统能够更好地适应环境变化，提高能源的利用效率。

（四）逆变器技术

逆变器是将直流电转换为交流电的关键设备，确保光伏系统能够接入交流电网送出绿色电力。逆变器通过使用电力电子器件经拓扑连接，将光伏系统产生的直流电转换为电网所需的交流电。逆变器主要由功率变换模块（由晶闸管、IGBT、MOSFET等组成）和控制系统［包括最大功率点追踪（MPPT）和锁相环（PLL）反馈控制电路］组成，确保逆变器的输出与电网同步。

当前逆变器技术的发展主要集中在提高逆变效率、降低能量损耗，以及适应不同电力系统需求方面。高效率的逆变器设计，尤其是采用新型材料和先进的智能控制算法，

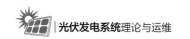

有望进一步提高系统整体性能。

（五）电池储能技术

电池储能技术可将光伏系统产生的过剩电能储存起来，用于解决光伏系统的间歇性发电问题，提高系统的稳定性和可调度性。典型的电化学储能系统包括锂离子电池、液流电池等。电池储能相当于一个缓冲器，即当光伏系统产生的电能超过需求时，电池储存这部分电能；当光伏系统产生的电能不足时，电池释放储存的电能，以确保系统供电。

电池储能技术发展的方向包括提高储能系统的效率、寿命和能量密度，以适应不断变化的电力需求。

（六）光伏电站设计与建设

从小规模分布式光伏电站到大型光伏电站，其设计和建设方法一直在不断演进。光伏电站的设计宗旨在于最大化太阳能的捕获和转化。小规模光伏电站可能采用分布式布局，而大型电站通常采用集中式布局。智能化监测系统可实时监控光伏电站的性能，并通过数字化技术进行远程管理。随着新能源智能互联技术的引入，使得光伏电站可以更好地适应电力系统的需求，提高整体运行效能。

（七）电网连接与智能化

光伏电站接入电网需要先进的技术，如高压直流输电技术，以提高输电效率，同时还需确保光伏系统与电网连接的稳定性，智能化技术通过远程监测、实时数据分析和智能控制，使光伏系统更具可操作性和适应性。通过智能化电网技术，光伏系统可以更灵活地应对电力系统的变化，确保电力的高效传输和利用。

二、光伏系统输变电技术发展现状

（一）直流汇集系统

光伏发电系统中，直流汇集系统起到电流集中和管理的关键作用。典型的直流汇集系统通常包括直流汇流箱的设计与运作，负责将多个光伏模块产生的直流电能集中到一个点，并提供对电流和电压的监测与控制。

直流汇流箱的工作原理基于串联光伏电池阵列的电流和电压特性，光伏阵列产生的直流电流进入直流汇流箱，实现多个阵列支路的输入和1回支路的输出。直流汇流箱外观如图1-5所示。

汇流过程确保了整个光伏系统中的电流保持相对均衡，避免了由于单个模块故障导致的系统性能下降。此外，直流汇流箱还具备电流和电压监测的功能。通过实时监测，系统操作人员可以及时发现异常情况，比如某个光伏模块的故障或性能下降，从而进行及时维护。控制功能允许系统操作人员远程控制直流汇流箱的运行状态，实现对系统的

 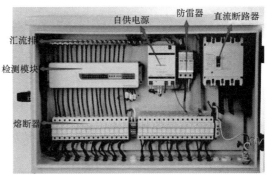

图 1-5　直流汇流箱

远程管理。

当前，针对直流汇流箱的研究主要集中在提高其智能化水平和故障检测的精准性。新型直流汇流箱通过引入更先进的电子元器件和通信技术，实现了对电流和电压的更精细化监测，并通过智能算法进行故障检测，以提高系统的稳定性和可靠性。

（二）逆变器

逆变器是光伏系统的核心设备之一，用于将光伏电池产生的直流电能转化为电力系统可用的交流电能，以确保与电网的有效连接。图 1-6 所示为各类光伏逆变器。

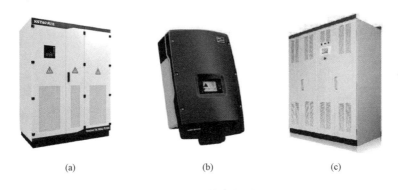

(a)　　　　　　　　　(b)　　　　　　　　　(c)

图 1-6　光伏逆变器

（a）集中式光伏逆变器；（b）组串式光伏逆变器；（c）集散式光伏逆变器

当前，逆变器的创新主要体现在提高其效率、稳定性和适应性方面。新型逆变器采用更先进的电力电子器件，如硅碳化物（SiC）和氮化镓（GaN）器件，以提高转换效率，减小能量损耗。此外，新一代逆变器还引入了智能化控制系统，通过对光照条件和电网状态的实时监测，实现对逆变器运行参数的动态调整，提高系统的适应性和响应速度。

（三）变压器

变压器在光伏输变电系统中主要是将逆变器输出的低电压交流电升压到更高的电压

水平，以减小输电损耗。变压器通过电磁感应原理实现电压的转换，其基本构造包括铁芯、一次绕组和二次绕组。变压器的一次绕组接收逆变器输出的低电压交流电，通过磁耦合在二次绕组中感应出更高电压的交流电。通过调整主、副线圈的匝数比，可以实现电压的升降，确保输电线路上的电能在更高电压下输送，减小电流，从而减小导线的电阻损耗。图 1-7 所示为升压站的主变压器和光伏阵列的箱式变压器。

(a)　　　　　　　　　　　　　　(b)

图 1-7　主变压器与箱式变压器

（a）主变压器；（b）35kV 箱式变压器

当前，变压器的发展方向主要集中在提高效率和减小体积方面。新型变压器采用高效、轻便的材料，如氮化镍铁（NiFeN）磁芯，以提高变压器的效率，并通过新型绝缘材料减小变压器的体积，使其更适应光伏系统的集成。

（四）输电线路

输电线路是将光伏发电站产生的电能输送到变电站的关键组成部分，其工作原理主要基于电流的传导和电磁场的作用。输电线路的类型主要包括地下电缆和架空输电线，其选择取决于具体的场地条件和电能输送距离。在地下电缆输电线路中，电能通过埋在地下的电缆进行输送，这种方式适用于需要穿越城市或环境敏感区域的情况。而架空输电线路则通过电力杆或输电塔将电缆悬挂在空中进行输送，适用于长距离的输电需求，如图 1-8 所示。导线的材料和结构会影响电流的传输效率，架空输电线通常采用高强度的金属导线，而地下电缆则需要绝缘层以避免电流的泄漏。

当前，输电线路的创新主要体现在减小输电损耗和提高输电效率方面。新型输电线路采用超导材料、高导电性材料，以及新型绝缘材料，以减小线路的电阻损耗，提高输电效率。此外，引入智能监测系统，通过实时监测线路的状态和温度，可以及时发现潜在问题，提高系统的可靠性。

（五）变电站

变电站在光伏输变电系统中扮演着电能集中、转换和调控的重要角色，包括对输送的电能进行电压控制、电流测量和保护等，通过电压变换、电流测量和保护装置，对输

图 1-8　输电线路

送的电能进行精细调控，如图 1-9 所示。其中，变压器用于电压的升降，电流测量装置用于监测系统中电流的大小，而保护装置则能够在系统发生故障时迅速切断电流，保护设备的安全运行。

当前，变电站的发展主要体现在提高其自动化水平和智能化管理方面。新型变电站引入数字化技术和智能监测系统，实现对电能的实时监测和精细控制。通过远程监控，变电站可以实现对系统的远程管理，提高了系统的可操作性和稳定性。

图 1-9　变电站

（六）电能储存系统

电能储存系统在光伏输变电系统中扮演着调节电力输出、降低波动性的关键角色，其通过储存多余的电能，并在系统需要时释放电能，以平衡光伏系统发电和用电之间的供需不平衡。其工作原理主要基于电池的化学反应，当电池充电时，将电能转化为化学能，而在放电时，将储存的化学能转化为电能。

电池储能技术的研究主要集中在提高储能系统的循环寿命、能量密度和安全性方面。新型材料电池（如锂硫电池和固态电池）被广泛应用于电池储能系统中，以提高其性能。智能化管理系统的引入，使得电池储能系统能够更好地适应不同工况，延长电池寿命，提高系统的可靠性。

（七）接入电网

接入公用电网是光伏系统并入电网、送出电能的最终环节，需要保证光伏系统满足接入电网的技术要求，确保电能顺利输送。光伏系统通常经光伏变流器接入电网，主要采用跟网型变流器和构网型交流器。跟网型变流器控制方式采用 PQ 控制（主要控制注入电网电流，电压由大电网支撑），关键在于保持电能的同步（由 PLL 锁相环技术保持与电网同步）。构网型变流器通过控制电压和频率，控制方式主要包括下垂控制和虚拟

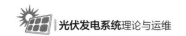

同步控制，可向弱电网提供电压与频率支撑，提高电力系统的稳定性。

当前，高压直流输电（HVDC）技术是研究的重点之一。HVDC技术通过减小输电损耗来提高输电能力。世界首条全清洁能源特高压直流输送通道青南换流站，如图1-10所示。通过智能电流控制技术的引入，使得系统能够更好地适应电力系统的变化，确保电能的平稳输送。此外，电网同步技术的不断创新，有望提高系统的同步性和稳定性。

图1-10　青豫特高压直流工程

（八）智能监测与控制系统

智能监测与控制系统是整个光伏输变电系统的大脑，通过实时监测和智能控制，保障系统的正常运行并提高整体性能。智能监测系统通过传感器实时采集系统的各项参数，如电流、电压、温度等，并将数据传输至控制系统。控制系统通过分析这些数据，判断系统的运行状态，及时发现并诊断潜在问题。

第三节　光伏产业新技术及其发展趋势

一、高效光伏电池技术

高效光伏电池技术是光伏行业的重要创新方向，致力于提高光伏电池的转换效率、降低成本，并推动可再生能源的广泛应用。多晶硅光伏电池是目前应用最广泛的光伏电池技术，通过晶格的结构提高光吸收效率，具有技术成熟、生产成本相对较低的优点，广泛应用于商业和家庭光伏系统，但其光电转换效率有一定的局限性。在多晶硅电池领域，重点在不断优化材料和工艺，提高光电转换效率。

单晶硅光伏电池晶格更为完整，减少了电荷再组合的损失。相比多晶硅电池，单晶硅电池具有更高的光电转换效率，已达到20％以上。技术创新和工艺改进不断推动着单晶硅电池的性能提升。

薄膜光伏电池采用柔性薄膜材料，如非晶硅、铜铟镓硒等，相对传统硅片更轻薄，适用于柔性光伏；制造成本相对较低。但是，目前薄膜光伏电池光电转换效率相对较低，随着技术不断创新，将为特定场景提供新的应用选择。

钙钛矿光伏电池以钙钛矿材料作为光电转换层，具有高吸收系数和较高的光电转换效率，其结构如图1-11所示。钙钛矿电池作为新一代光伏电池技术，高光电转换效率和低制造成本使其备受关注，相关研究不断取得突破，目前其面临的挑战是材料稳定性和长期性能仍需提升。

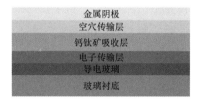

图1-11　钙钛矿光伏电池结构

多结构光伏电池结合了多种半导体材料形成多层结构，提高了吸收光谱范围，具有较高光电转换效率，适用于多种光照条件，但制备工艺较为复杂，成本较高。

量子点光伏电池引入量子点材料，通过量子效应提高光电转换效率，在低光照条件下表现优异，可拓展应用到多种材料上，但其商业化和稳定性问题亟待解决。

背面钝化光伏电池采用PERC（passivated emitter rear cell）技术，通过在电池背面引入钝化层来提高电池的光电转换效率。目前，PERC技术已经在市场上得到广泛应用，提高了普通多晶硅电池的效率，使其更具竞争力。

隧穿氧化层钝化（TOPCon）电池是光伏晶硅电池的一种，是一种基于选择性载流子原理的隧穿氧化层钝化接触光伏电池技术。其电池结构为N型硅衬底电池，在电池背面制备一层超薄氧化硅，然后再沉积一层掺杂硅薄层，二者共同形成了钝化接触结构，有效降低了表面复合和金属接触复合，如图1-12所示。近年来，由于其高转换效率、低衰减性能、高量产性价比等明显优势，为相关企业看好。

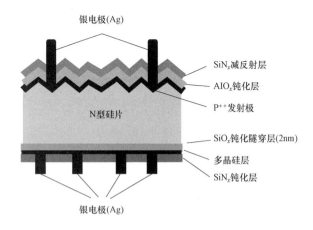

图1-12　N型硅衬底TOPCon电池结构

双面光伏电池可以从正面和背面吸收光线，提高了光伏系统的总体发电效率。随着技术日趋成熟，其在一些特定场景中得到应用。

总体而言，高效光伏电池技术的发展旨在克服传统光伏电池的限制，正朝着提高转换效率、降低制造成本和拓展应用场景的方向不断发展。各种技术的不断创新将推动光伏行业更广泛地应用于清洁能源领域，助力可再生能源的可持续发展。

二、多能互补技术

多能互补是一种综合运用多种能源并通过储能系统进行协同管理的能源整合技术，以储能作为能量枢纽，实现不同能源形式的互补，提高能源利用效率、稳定能源供应，推动可再生能源的大规模应用。以下是以储能为核心的部分多能互补技术的介绍。

储能技术包括电池储能系统与热能储存系统。其中，电池储能系统包括锂离子电池、钠硫电池等，能够储存电力并在需要时释放。热能储存系统利用蓄热材料或热泵等技术，储存多余的热能供后续使用。利用储能系统可平衡光伏发电的波动性，储存多余电能以便在低光照或夜间供电。锂离子电池等先进储能技术在光伏发电站中得到广泛应用，提高了电站的自主调节能力，增强了稳定性。

风光互补系统利用风能和太阳能的互补性，通过储能系统存储多余的电力，以应对天气变化，如图 1-13 所示；将光热发电与光伏电池结合，实现对日照和温度的双重利用。

图 1-13　风光互补系统

风水互补系统主要将风能和水能结合以及将潮汐能和风能结合。其中，风能和水能结合利用风力发电和水力发电的互补性，通过储能平衡两者的波动性，提高电力系统的稳定性。潮汐能和风能结合是利用潮汐能的周期性和风能的不规则性，通过储能系统协同供能。

智能微电网整合将光伏发电系统与其他可再生能源（如风能、水能）、储能系统和能源管理系统集成，形成智能微电网。在光伏发电站项目中，通过智能微电网的整合，可以提高光伏发电系统的灵活性和可靠性，能够实现多种能源的协同运行。微网系统的典型应用场景为智能城市示范项目，即在城市层面进行多能互补实践，将太阳能、风能、水能等多种能源整合到城市基础设施中。

光热电储互补通过光热发电和电力储能结合，利用光热发电系统产生的热能，再通过热能储存或直接产生电力，实现能量的多向流动。

智能能源管理系统利用先进的计算机算法，实时监测各能源的生产和消耗情况，通过储能调度优化能源的分配。

人工智能优化是运用人工智能技术对各种能源进行预测和优化，提高多能源协同管理的智能化水平。

通过将储能作为能量枢纽，多能互补技术实现了不同能源的协同管理，提高了能源利用效率，同时促进了可再生能源的可持续发展。上述技术的推广应用将对能源系统的智能化、高效化和清洁化产生深远影响。

三、 储能新技术

在光伏行业，配置储能系统至关重要，它可以解决太阳能发电的间歇性和不稳定性问题。以下是光伏行业部分储能新技术。

液流电池储能系统通过流动的液体电解质储存电能，具有灵活调节容量、长周期寿命等特点，适用于光伏系统的短时和长周期储能需求。

锂离子电池技术通过不断改进锂离子电池的性能，提高其能量密度、寿命和安全性，适用于小规模家庭光伏系统。

太阳能储热系统利用太阳能集热器将太阳能转化为热能，通过热能储存系统储存和释放能量，可以实现季节性能源储存，适用于太阳能光伏系统在冷季或夜晚的能源供应。

钙钛矿光伏电池结合储能技术是利用高效的钙钛矿光伏电池产生电能，并结合先进的储能技术实现全天候的能源供应，是高效、低成本的太阳能发电与储能的有机结合，提高了整个系统的性能。

智能能源管理系统利用人工智能和大数据分析，实时监测太阳能光伏系统的产能，优化储能系统的充放电策略，可以提高系统的智能化水平，使得光伏发电和储能系统更加适应复杂多变的电力需求。

这些储能新技术的应用有助于提高光伏系统的可靠性、可用性，进一步推动清洁能源的可持续发展。

四、 数字化和智能化技术

光伏行业日益应用数字化和智能化技术，以提高光伏系统的效率、可靠性和智能化水平。以下是光伏行业中常见的数字化和智能化技术。

智能光伏发电系统包括数字监控与控制和远程监测等。数字监控通过传感器实时监测光伏电池组件的工作状态、温度、光照等信息，实现对光伏系统的精确控制。远程监测利用云平台和物联网技术，实现对分布式光伏系统的远程监控和管理，提高系统的可操作性。通过开发先进的监控系统，提高了光伏发电站的运维效率，实现了远程实时监测和故障诊断，如图1-14所示。

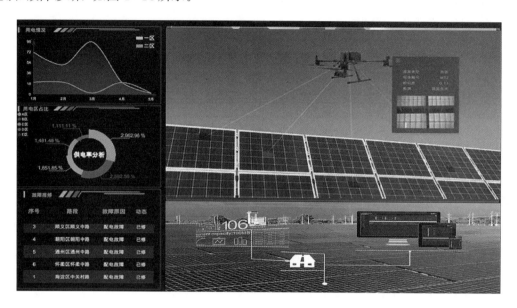

图1-14　人机交互页面

大数据分析与预测包括能源生产优化与故障预测与维护等。能源生产优化利用大数据分析技术，对历史能源数据进行挖掘，优化发电系统运行策略，提高能源产出效益。故障预测与维护通过数据分析和机器学习，实现对光伏系统运行异常的早期预测，减少停机时间，提高系统可靠性。运用大数据分析技术，对历史数据进行挖掘，优化光伏发电站的运行策略，并通过数据建模进行未来能源产量的预测。大数据分析已成为光伏行业的研究热点，通过建立精确的预测模型，提高了光伏系统的收益。

人工智能应用通过引入人工智能算法，对光伏发电站进行智能化管理，包括故障预测、优化调度和智能控制。目前，研究者致力于开发基于深度学习和机器学习的人工智能应用，使得光伏系统更加智能、自适应和高效。

5G通信技术提供高速通信，用于实现更远程的实时控制和监控。部分光伏发电站已经开始采用5G通信技术，提高了系统的通信速度和稳定性。推动5G通信技术在光伏行业的深度应用，可以实现更远距离、更快速度的实时控制和数据传输。

光伏行业数字化和智能化技术的研究正处在不断创新的阶段，未来将有望推动光伏系统的更高效运行和更智能化管理。

五、 漂浮式光伏技术

漂浮式光伏技术是一种将太阳能光伏电池系统部署在水面上的创新能源解决方案。这项技术利用水体表面进行光伏电池的布置，通过浮动设备稳定在水上，实现太阳能的有效转化。关键技术包括：浮体设计、电池组件防水和水质影响与生态环保。其中，浮体设计使用轻质、耐腐蚀的材料，确保浮体在水上平稳浮动。

电池组件采用防水技术，确保电池组件在潮湿环境中的长期稳定运行。水质影响与生态环保主要是定期监测水质，采取措施减小对水体生态系统的干扰。

漂浮式光伏技术在全球范围内逐渐受到关注，其发展现状体现在以下几个方面：

（1）国际项目实施。许多国家和地区已经推动漂浮式光伏项目的实施，如法国、日本、新加坡等，项目涉及水库、湖泊等水域。

（2）技术不断创新。随着研究的深入，漂浮式光伏技术在浮体设计、防水技术、电池组件选材等方面取得创新成果，提高了系统的稳定性和性能。

（3）经济性和可持续性。漂浮式光伏系统在经济性和可持续性方面具有优势，在提供清洁能源的同时不占用大面积土地。

（4）适用场景拓展。初始阶段漂浮式光伏技术主要应用于水库、湖泊等大型水域，随着技术成熟，逐渐拓展到小型水域和工业用水池等场景，如图 1-15 所示。

图 1-15　漂浮式光伏

漂浮式光伏技术将会在浮体设计、光伏电池性能、防水技术等方面不断改进，提高系统的效率和可靠性。随着技术成熟，漂浮式光伏有望实现规模化应用，成为水域广泛地区的清洁能源解决方案。不同国家和地区将加强合作，共同推动漂浮式光伏技术的发展，分享经验和技术进步。在项目实施中，将更加重视生态环境的保护，采取措施减小对水生态系统的影响。

漂浮式光伏技术作为清洁能源的创新形式，将在未来逐步成为全球能源结构的重要

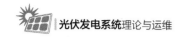

组成部分，为水域资源的可持续利用和环境保护提供新的解决方案。

本 章 小 结

光伏发电技术作为清洁能源的代表，对于全球能源转型和环境可持续发展具有重要意义。通过将太阳能转换为电能，光伏行业有助于减缓气候变化、减少对化石能源的依赖，同时创造就业机会，促进经济增长。全球光伏技术水平持续提升，发达国家在多晶硅、薄膜、钙钛矿等方面取得显著进展，不断提高光伏电池的转换效率，并在系统集成、储能等领域取得创新成果。中国光伏产业在全球崭露头角，已成为全球最大的光伏生产和应用市场。光伏行业与人工智能、大数据分析等技术相结合，提高了光伏系统的智慧运维水平。漂浮式光伏技术作为创新型应用，适用于水域广泛的场景。新型电池技术如全固态电池、液流电池等为光伏系统提供更安全、高效的储能解决方案，推动光伏与储能的深度融合。

光伏产业正处在技术创新的前沿，面临着巨大的发展机遇。中国光伏产业崛起为全球提供了新的发展模式，而新技术的不断涌现将为行业的可持续发展打开更广阔的未来。在全球共同努力下，光伏行业将为推动清洁能源革命、构建可持续能源体系做出更大贡献。

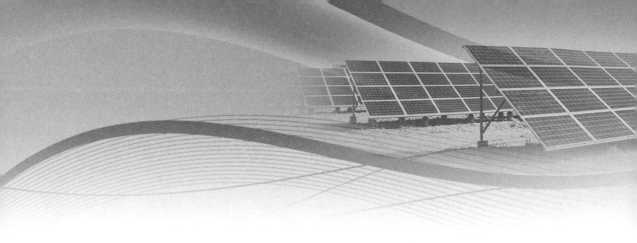

第二章　光伏发电基础理论

第一节　光伏发电系统概述

光伏电池是光伏发电系统的核心，其主要功能是将太阳能转换成电能。除此之外，光伏发电系统主要部件还包括蓄电池、控制器、逆变器、汇流箱等。其中，蓄电池用于储存电能，以供夜间或阴天使用；控制器用于控制整个系统的运行，确保系统的稳定性和安全性；逆变器用于将直流电转换为交流电，以便与电网相连接；汇流箱则用于将多个光伏组件的电能集中在一起，便于管理和使用。

按照装机容量和应用场景，光伏发电系统主要分为集中式并网和分布式并（离）网光伏发电系统。集中式并网光伏发电系统通常建设在大型太阳能电站中，通过高压输电线路将电能输送到电网中；而分布式并（离）网光伏发电系统则通常安装在建筑物屋顶或地面，既可以并网运行，也可以离网运行。

随着技术的不断进步和成本的降低，光伏发电系统的应用范围越来越广泛。除了集中式光伏场站外，光伏发电系统还广泛应用于家庭、学校、医院、工厂等各种场所。此外，光伏发电系统还可以与其他可再生能源技术相结合，如风能、水能等，形成综合能源管理系统，提高能源利用效率和管理水平。

总之，光伏发电系统作为一种高效、环保、可持续的发电方式，具有广阔的应用前景和巨大的发展潜力。随着技术的不断进步和应用场景的不断深化，光伏发电系统将会在未来能源领域中发挥越来越重要的作用。

第二节　光伏发电的基本原理

光伏发电是利用半导体材料受光能激发将光能直接转变为电能的一种技术。这种技术的关键元件是光伏电池，原理为光生伏特效应。在半导体（以硅元素为例）中掺有 5 价磷元素，此时电子数目远远大于空穴数目，称为电子型或 N 型半导体。如果在纯净的硅中掺入 3 价元素硼，其原子只有 3 个价电子，这样就在硅中产生了 1 个空穴，因空穴数目远远超过电子数目，导电主要由空穴决定，称为空穴型或 P 型半导体。在一定的温度下，半导体内不断产生电子和空穴，电子和空穴不断复合，如果没有外加的光和电的影响，在单位时间内产生和复合的电子与空穴即达到相对平衡，称为平衡载流子。这种半导体的总载流子浓度保持不变的状态，称为热平衡状态如图 2-1（a）所示。

当具有一定能量的光照射到半导体上时，能量大于硅禁带宽度的光子穿过减反射膜进入硅基半导体，在 N 区、空间电荷区、P 区中将激发出大量处于非平衡状态的光生电子—空穴对（即光生载流子）。N 区有过剩的电子，P 区有过剩的空穴，如此便在 PN 结两侧形成了正、负电荷的积累，产生与势垒电场方向相反的光生电动势，这就是硅基 PN 结的光生伏特效应，如图 2-1（b）所示。

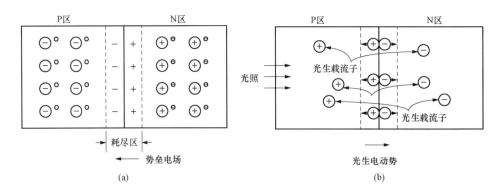

图 2-1　光伏电池的光生伏特效应

（a）平衡时；（b）光照时

光伏电池将光能转换成电能的工作过程如图 2-2 所示。

图 2-2　光伏电池工作过程

光伏电池经过串联后进行封装保护，可形成大面积的光伏电池组件，再配合上功率控制器等部件，就形成了光伏发电装置。

第三节　光伏发电系统的主要形式

光伏发电系统按形式分为集中式光伏发电系统和分布式光伏发电系统。

一、 集中式光伏发电系统

集中式光伏发电系统电气一次部分由光伏组件、直流汇流箱、逆变器、就地升压箱式变压器、主变压器（升压站）、开关设备、无功补偿设备、接地设备和交直流电缆连接构成；二次部分由测量、监控、保护及自动装置组成。集中式光伏发电系统利用大规模光伏电池阵列将太阳能直接转换成直流电，子阵内所有组串经直流汇流箱汇流后，分别输入子阵内逆变器，再经光伏逆变器将多路直流电变换成交流电，并通过交流配电柜、升压变压器和高压开关装置接入电网，向电网输送光伏电量，由电网统一调配向用户供电，如图2-3所示。

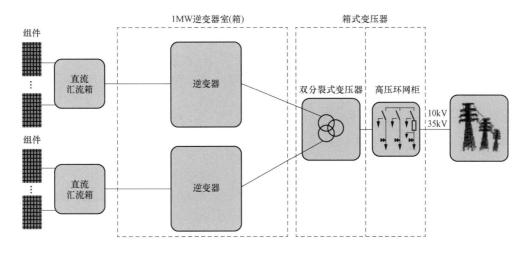

图2-3 集中式光伏发电站发电过程

集中式光伏发电站通常需通过升压变电站接入电网。地面光伏发电站是目前在我国应用最为广泛的光伏发电站应用形式之一，主要在我国沙戈荒地区得到大规模的应用，如图2-4所示。地面光伏发电站的基本特点是光伏发电站安装容量大，占地面积广阔；很多电站建设在偏僻的人烟稀少的地方，土建工程量较大。为了光伏发电站正常运行与维护，需要专业人员驻守维护，相应的附属设施较多。

集中式光伏发电站具有如下显著优点：

（1）集中式光伏发电站主要建设于不适宜人类生存的荒漠地带，因此其选址更加灵活方便。集中式光伏发电站可以充分利用太阳辐射与用电负荷的正调峰特性，可以对负荷曲线起到削峰的作用。

（2）由于集中式光伏发电站具有一定的规模，因此其运行方式较为灵活，相对于小规模的分布式光伏，可以更方便地进行无功和电压控制。

（3）大容量的集中式光伏发电站可实现大电网频率调节的功能。

（4）因集中式光伏发电站的集群效应，其建设周期相对较短，并且运营情况相对统

图 2-4 我国西北部地面光伏发电站实景

一简单，具备经济与成本优势。

集中式光伏发电站也存在着许多不可忽略的缺点，具体包括：

（1）集中式光伏发电站需要依赖长距离输电线路送电入网，同时由于其容量较大，面对光伏输出功率的波动性与不确定性，大规模的集中式光伏发电站自身也是电网的一个较大的干扰源。此时，集中式光伏发电站的输电线路的损耗、电压跌落、无功补偿等问题将会凸显。

（2）大容量的光伏发电站由多台逆变器、汇流箱、变压器等变换装置组合实现，这些设备的协同工作需要统一管理。

（3）集中式光伏发电站因其自身技术限制，发出的电能难以被电网完全消纳，同时对电网的安全运行具有一定影响，弃光现象也时有发生。

综合考虑上述情况，在实际应用中，集中式光伏发电站的整体经济效益需要依据具体情况来判定。

二、 分布式光伏发电系统

分布式发电通常是指发电功率在几千瓦至数十兆瓦的小型模块化、分散式、布置在用户附近的，就地消纳、非外送型的发电单元，包括以液体或气体为燃料的内燃机、微型燃气轮机、热电联产机组、燃料电池发电系统、太阳能光伏发电、风力发电、生物质能发电等。

目前国内外普遍采用的"分布式光伏发电"的定义，狭义上则是单指并网运行的分布式发电系统，离网光伏系统并不包括在内。并网运行的分布式发电系统在电网中的形式有以下几种典型形式。

形式一：光伏系统直接通过变压器并入中压公共配电网（一般指 10、35kV），并通过公共配网为该区域内的负荷供电，其商业模式只能是"上网电价"，即全部发电量按照光伏上网电价全部出售给电网企业。

形式二：光伏系统在低压或中压用户侧并网，不带储能系统，不能脱网运行。目前，我国90%以上的建筑光伏系统属于此种类型。采用的商业模式是多种多样的，包括"上网电价"（Feed-inTariff）模式，"净电量结算"（Net-Metering）模式和"自消费"（Self-Consumption）模式（即"自发自用，余电上网"模式）。

形式三：光伏系统在低压用户侧并网，带储能系统，可以脱网运行。这种形式就是"联网微电网"，采用的商业模式为"自发自用，余电上网"，目前国内几乎没有这种形式。

分布式光伏发电设备安装不受地区的限制，可以安装在建筑物的屋顶，是一种适合商业化推广的光伏应用方式。我国广阔的建筑屋顶也为光伏发电系统提供了较大的发展空间。图2-5所示为分布式光伏发电站发电过程。

图2-5　分布式光伏发电站发电过程

三、 分布式与集中式光伏发电站优缺点对比

相对于集中式光伏发电站而言，分布式光伏发电站配置在用户侧，发电供给当地负荷，可视作负载，能够有效减少对电网供电的依赖，减少线路损耗；可以充分利用建筑物表面，将光伏电池同时作为建筑材料，有效减少光伏发电站的占地面积；能够与智能电网和微电网有效接口，运行灵活，适当条件下可以脱离电网独立运行。然而，分布式光伏发电站的接入使配电网中的潮流方向会实时变化，逆潮流导致额外损耗，相关的保护都需要重新整定，变压器分接头需要不断变换；电压和无功调节困难，大容量光伏接入后功率因数的控制存在技术型难题，短路电流也将增大；需要在配电网级的能量管理系统，在大规模光伏接入的情况下进行负载的统一管理；对二次设备和通信提出了新的要求，增加了系统的复杂性。

集中式光伏发电站由于选址更加灵活，光伏输出功率稳定性有所增加，并且充分利用太阳辐射与用电负荷的正调峰特性，起到削峰的作用；运行方式较为灵活，相对于分布式光伏可以更方便地进行无功和电压控制，参加电网频率调节也更容易实现；建设周

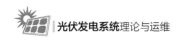

期短，环境适应能力强，不需要水源，燃料运输等有保障，运行成本低，集中式管理，受空间限制小，便于后期电站扩容。

第四节 光伏与其他产业的融合方式

随着产业融合发展模式的演变，"光伏＋当地产业"蓬勃发展，光伏与其他产业互补模式主要有水光互补、风光互补、农光互补、渔光互补。

一、水光互补

针对光伏发电随机性、波动性、间歇性的缺点，利用水轮机组的快速调节性能，将原本不稳定的锯齿型光伏电源通过水电调节为均衡、优质、安全、更加友好的平滑稳定电源后送入电网。水光互补将光伏发电与水电站完美结合，真正做到优势互补，将水电与光伏发电有效地融为一个整体，不仅能保证系统稳定运行，同时还能提高企业的经济效益。

目前龙羊峡水电站是国内已建成的最大的水光互补项目，水电站装机容量1280MW，多年平均年发电量 59.42 亿 kWh。水光互补项目两期总计安装光伏发电容量850MW，多年平均发电量 14.34 亿 kWh，光伏发电利用龙羊峡水电站的 330kV 线路送入电网。龙羊峡水光互补模式如图 2-6 所示。

图 2-6 龙羊峡水光互补模式

二、风光互补

风能是太阳能在地球表面的另外一种表现形式。风力发电和太阳能发电各有其优点，两者互补（风光互补）可以有效解决单一发电不连续问题，保证基本稳定的供电，如图 2-7 所示。

风光互补发电系统的优点主要体现在其光伏发电并网系统中。光伏发电的单位成本一直保持较高的水平，而风力发电的单位成本仅为光伏电池板的 1/4 左右，风力发电机与光伏电池组成混合供电系统后，系统成本可大幅降低，使供电系统更具有市场推广价值。

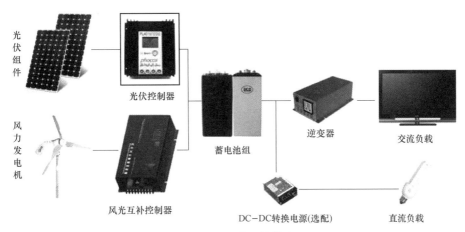

图 2-7　风光互补模式

三、 农光互补

光伏农业一体化并网发电项目将太阳能发电、现代农业种植和养殖、高效设施农业相结合：①太阳能光伏系统可运用农地直接低成本发电；②由于薄膜光伏电池一大特点是可做成透光型式，动植物生长所需要的主要光源可以穿透；③红外光也能穿透薄膜光伏电池，可储存热能，提高大棚温度，在冬季有利于动植物生长，节约能源。典型的农光互补模式如图 2-8 所示。

图 2-8　农光互补模式

四、 渔光互补

渔业养殖与光伏发电相结合，在鱼塘水面上方架设光伏板阵列，光伏板下方水域可以进行鱼虾养殖，光伏阵列还可以为养鱼提供良好的遮挡作用，形成图 2-9"上可发电、下可养鱼"的发电新模式。

图 2-9　渔光互补模式

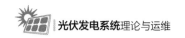

第五节　光伏发电系统的设备与数学模型

一、光伏组件的分类及特性

光伏组件按照制造工艺和材料的不同可以分为多种类型，其中包括单晶硅、多晶硅、非晶硅、薄膜光伏电池等。

单晶硅光伏组件是以单晶硅为基础材料制造而成，具有高纯度、高转换效率和稳定性强的特点。其电能转换效率一般在 15%～22% 之间，并且能够在长期使用过程中保持较高的性能。但单晶硅材料的纯度要求较高，制造过程相对复杂，因此其成本也较高。

多晶硅光伏组件则是使用多晶硅材料制造而成，与单晶硅组件相比，其制备工艺相对简单，因此制造成本较低。同时，多晶硅光伏组件也具有较好的耐辐射性能，可以在高辐射环境下长时间稳定运行。然而，其转换效率通常低于单晶硅组件，一般在 12%～18% 之间。

除了单晶硅和多晶硅光伏组件外，还有非晶硅、薄膜光伏电池等类型的光伏组件。这些光伏组件各有其特点和应用场景，可以根据具体需求进行选择，见表 2-1。

表 2-1　　　　　　　　　光伏电池特性

光伏电池类型		颜色	透光率	背板材料	工作特性
晶硅光伏组件	单晶硅	黑色（均匀）	不透光，当为夹层玻璃光伏组件时可以透光	TPT、钢化玻璃	对光线要求高，弱光性能差。透光率是通过调整晶硅片之间的间距（填充因子）来进行调整
	多晶硅	蓝色（晶体纹）	不透光，当为夹层玻璃光伏组件时可以透光	TPT、钢化玻璃	
非晶硅光伏组件		深棕色（均匀）	0%～50%	钢化玻璃	对光线要求低，受光影遮挡后发电效率下降少
薄膜光伏组件		蓝色（晶体纹）	可根据需要制作成不同的透光率	不锈钢聚合物	弱光性好，适用于建筑屋顶，发电效率低，稳定性差

光伏组件的技术性能比较主要涉及以下几个方面：

（1）光电转换效率。这是衡量光伏组件性能的重要指标，指组件将太阳能转化为电能的效率。一般来说，单晶硅组件的效率最高，可以达到 21%；多晶硅组件的效率稍低，约为 15%～18%；非晶硅组件的效率约为 8%～10%。

（2）制造成本。多晶硅组件的制造成本较低，适合大范围的应用；单晶硅组件的制造成本较高，但由于其高效率和长寿命，长期看仍然具有竞争力。

（3）环境适应性。指光伏组件在光照较弱的情况下也能产生一定的电能，其中单晶硅组件的弱光效应较弱，非晶硅组件的弱光效应较强。

（4）运行维护。单晶硅和多晶硅组件故障率低，自身免维护；非晶硅为柔性组件表面容易积灰，难以清理。

（5）抗老化性能。光伏组件在长时间使用过程中会受到环境因素的影响，如紫外线、高温、低温等，性能会有所下降。单晶硅组件的抗老化性能较好，多晶硅组件和非晶硅组件的抗老化性能较差。

综上所述，单晶硅组件在效率、弱光效应和抗老化性能方面具有优势，多晶硅组件在制造成本方面具有优势，非晶硅组件在温度系数方面具有优势，可以根据具体需求选择合适的光伏组件类型，见表 2 - 2。

表 2 - 2　　　　　　　　　　　　光伏组件技术性能比较

项目	单晶硅组件	多晶硅组件	非晶硅薄膜组件	比较结果
光电转换效率	19%～21%	15%～18%	8%～10%	单晶硅最高，多晶硅其次，非晶硅薄膜最低
制造成本	高	低	最低	非晶硅薄膜价格低于多晶硅，多晶硅价格低于单晶硅
环境适应性	输出功率与光照强度成正比，在高温条件下效率发挥不充分		弱光响应好，充电效率高。高温性能好，受温度的影响比晶体硅光伏电池要小	晶体硅电池输出功率与光照强度成正比，比较适合光照强度高的沙漠地区
运行维护	组件故障率低，自身免维护		柔性组件表面较易积灰，且难于清理	晶体硅光伏组件运行维护最为简单
抗老化性能	寿命期长，可保证 25 年		衰减较快，使用寿命只有 10～15 年	晶体硅光伏组件使用寿命最长

（一）光伏组件的数学模型

光伏组件的数学模型涉及多个参数和物理过程。图 2 - 10 所示为一个简化的光伏组件数学模型，基于光伏电池的物理特性建立，包括光生电流、反向饱和电流、PN 结理想因子、串并联电阻、开路电压等参数。这些参数可以通过实验测量得到，也可以通过仿真软件进行计算。

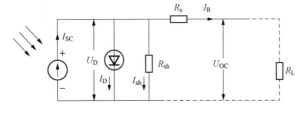

图 2 - 10　光伏组件单二极管数学模型

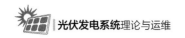
输出电流和电压的关系为

$$I_{\mathrm{L}} = I_{\mathrm{SC}} = I_{\mathrm{R}} + I_{\mathrm{D}} + V_{\mathrm{D}}/R_{\mathrm{sh}} \tag{2-1}$$

$$V_{\mathrm{D}} = V_{\mathrm{L}} + I_{\mathrm{R}} \cdot R_{\mathrm{s}} \tag{2-2}$$

$$I_{\mathrm{D}} = I_{\mathrm{O}} \left\{ \exp \left[\frac{q}{AkT} (V_{\mathrm{L}} - I_{\mathrm{R}} \cdot R_{\mathrm{s}}) \right] - 1 \right\} \tag{2-3}$$

$$I_{\mathrm{O}} = I_{\mathrm{SC}} / \left[\exp \left(\frac{q \cdot V_{\mathrm{OC}}}{AkT} \right) - 1 \right] \tag{2-4}$$

$$V_{\mathrm{OC}} = \frac{AkT}{q} \ln \left(\frac{I_{\mathrm{SC}}}{I_{\mathrm{O}}} + 1 \right) \tag{2-5}$$

式中 I_{L}——光生电流，等同于光伏组件短路电流 I_{SC}，数值由光照强度和电池温度决定；

$\quad\quad I_{\mathrm{D}}$——光伏组件 PN 结电流；

$\quad\quad I_{\mathrm{R}}$——光伏组件输出电流；

$\quad\quad I_{\mathrm{O}}$——反向饱和电流；

$\quad\quad V_{\mathrm{D}}$——PN 结两端的电压；

$\quad\quad V_{\mathrm{OC}}$——光伏组件开路电压；

$\quad\quad V_{\mathrm{L}}$——光伏组件带负载时的电压；

$\quad\quad R_{\mathrm{s}}$——串联电阻，包括电池栅线电极本身所具有的电阻，基体材料电阻，产生电子、空穴对时的横向电阻以及上、下电极与基体材料的接触电阻等，总共不大于 1Ω；

$\quad\quad R_{\mathrm{sh}}$——并联电阻，包括 PN 结内漏电阻、电池边沿漏电阻等旁路电阻，约为几千欧姆；

$\quad\quad A$——PN 结理想因子；

$\quad\quad k$——玻耳兹曼常数；

$\quad\quad q$——单位电荷；

$\quad\quad T$——绝对温度。

需要注意的是，这是一个简化的数学模型，实际的光伏组件输出特性会受到多种因素的影响，如光照强度、电池温度、光谱分布、表面反射等。因此，在实际应用中，需要根据具体条件对模型进行修正和调整。

（二）光伏组件技术参数

光伏组件的技术参数主要包括峰值功率、额定工作温度、开路电压、短路电流、峰值电压和电流、填充因子、转换效率。

（1）峰值功率 $P_{\max}$ 指光伏组件在正常工作或标准测试条件下的最大输出功率，也就是峰值电流 I_{mpp} 与峰值电压 V_{mpp} 的乘积，即 $P_{\max} = V_{\mathrm{mpp}} \times I_{\mathrm{mpp}}$。光伏组件的峰值功率条

件：辐照度 $1000W/m^2$、光谱 AM1.5、测试温度 $25℃$。

（2）额定工作温度 T_n。指光伏组件在辐照度 $800W/m^2$、环境温度 $20℃$、风速 $1m/s$ 的环境条件下的工作温度。

（3）开路电压 V_{OC}。即正、负极间为开路状态时的电压。开路电压与入射光辐照度的对数成正比，与环境温度成反比，与电池面积的大小无关。

（4）短路电流 I_{SC}。指光伏组件在标准光源的照射下，在输出短路时流过光伏电池两端的电流。

（5）峰值电压 V_{mpp}。指光伏电池片输出最大功率时的工作电压。组件的峰值电压随电池片串联数量的增减而变化。

（6）峰值电流 I_{mpp}。指光伏组件输出最大功率时的工作电流。

（7）填充因子 FF。指光伏组件的最大功率与开路电压和短路电流乘积的比值，即 $FF=V_{mpp}×I_{mpp}/V_{OC}×V_{SC}$。光伏组件的填充因子系数一般在 $0.5～0.8$ 之间。

（8）转换效率 η。指在光照下的光伏电池所产生的最大输出电功率与入射到该电池受光几何面积上全部光辐射功率的百分比，即 $\eta=P_{max}/P_{in}=V_{mpp}×I_{mpp}/P_{in}$，其中，$P_{in}$ 为照射到光伏组件表面的太阳辐照度与面积的乘积。

光伏组件的性能还会受到温度、太阳辐照度、阴影遮挡等环境条件及老化的影响。在选择和使用光伏组件时，需要充分考虑上述因素，以确保其性能和稳定性。图 2-11 和图 2-12 所示为以 SunPower 公司生产的单晶硅组件为例的光伏组件工作特性随太阳辐照度、工作温度的变化关系。

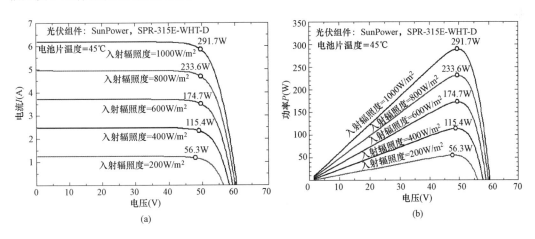

图 2-11 光伏组件随太阳辐照度变化的 I-V 和 P-V 曲线

（a）I-V 曲线；（b）P-V 曲线

由图 2-11 可知，随着太阳辐照度的增大，峰值电压保持不变，峰值电流增大，组件的输出功率变大。辐照度固定电压在 $0～V_{mpp}$ 的范围内，光伏组件对外呈现电流源特

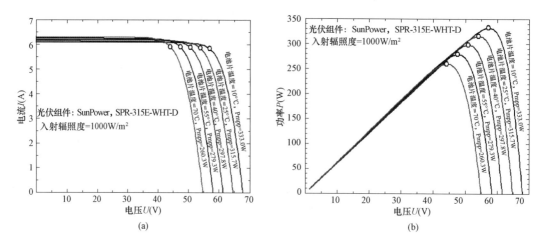

(a)　　　　　　　　　　　　(b)

图 2-12　光伏组件随电池片温度变化的 I-V 和 P-V 曲线

（a）I-V 曲线；（b）P-V 曲线

性，即电压变化时，输出电流基本保持不变。电压在 $V_{mpp} \sim V_{OC}$ 范围内，电压基本保持不变，电流快速下降，对外表现为电压源特性。进一步，当光伏组件受到局部阴影的遮挡，在数学模型中表现为辐照度降低，从而影响输出功率。

由图 2-12 可知，随着电池片温度的升高，峰值电压降低，峰值电流基本保持不变，引起组件输出功率降低。

图 2-13 所示为光伏组件老化功率衰减特性。由图可知，光伏组件出厂后首年功率衰减率最大达到了 2.5%，之后基本按照 $0.83\%/$年的线性关系衰减，到第 25 年时功率衰减至出厂输出功率的 80%，即到达了使用寿命。

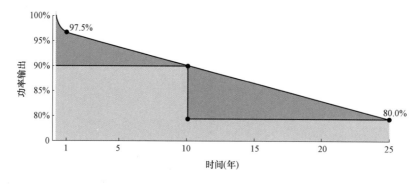

图 2-13　光伏组件老化功率衰减特性

（三）影响光伏组件效率的因素

光伏发电站直流侧发电量计算方法为：直流侧年理论发电量＝年辐照量/3.6×组件衰减系数×装机容量。但是由于设计、采购、施工、运维等因素的影响，光伏发电站实际发电量却没有这么多，实际年发电量＝理论年发电量×实际系统效率。影响光伏发电站发电量的主要因素包括以下几方面。

1. 太阳能资源

在光伏发电站实际装机容量一定的情况下，光伏系统的发电量是由太阳的辐射强度决定的，太阳辐射量与发电量呈正相关关系。太阳的辐射强度、光谱特性是随着气象条件而改变的。

2. 组件安装方式

同一地区不同安装角度的倾斜面辐射量不一样，倾斜面辐射量可通过调整电池板倾角（支架采用固定可调式）或加装跟踪设备（支架采用跟踪式）来增加。光伏组件安装方式如图 2-14 所示。

图 2-14　光伏组件安装方式

（a）固定可调式；（b）平单轴；（c）斜单轴；（d）双轴跟踪

3. 逆变器容量配比

逆变器容量配比指逆变器的额定功率与所带光伏组件容量的比例。由于光伏组件的发电量传送到逆变器的过程中会有很多环节造成折减，且逆变器、箱式变压器等设备大部分时间是没有办法达到满负荷运转的，因此光伏组件容量应略大于逆变器额定容量。根据经验，在太阳能资源较好的地区，光伏组件容量：逆变器容量＝1.2∶1 为最佳的设计比例。

4. 组件串并联匹配

组件串联会由于组件的电流差异造成电流损失，组件并联会由于组件的电压差异造成电压损失。

5. 组件遮挡

组件遮挡包括灰尘遮挡、积雪遮挡，以及杂草、树木、电池板及其他建筑物等遮挡，遮挡会降低组件接收到的辐射量，影响组件散热，从而引起组件输出功率下降，还有可能导致热斑。常见的组件遮挡方式如图 2-15 所示。

图 2-15　常见的组件遮挡方式

6. 组件温度特性

光伏电池、组件温度较高时，工作效率下降。随着光伏电池温度的升高，开路电压减小，在 20～100℃ 范围内每升高 1℃，光伏电池的电压减小约 2mV；而光电流随温度的升高略有上升，每升高 1℃，电池的光电流约增加千分之一。总的来说，温度每升高 1℃，功率减少 0.35%，这就是温度系数的基本概念。不同的光伏电池，温度系数也不一样，因此温度系数是光伏电池性能的评判标准之一。

7. 组件功率衰减

组件功率衰减是指随着光照时间的增长，组件输出功率逐渐下降。组件功率衰减与组件本身的特性有关，其衰减现象可大致分为三类：破坏性因素导致的组件功率骤然衰减、组件初始的光致衰减、组件的老化衰减。

8. 设备运行稳定性

光伏发电系统中设备故障停机直接影响电站的发电量，如逆变器以上的交流设备若发生故障停机，那么造成的损失电量将是巨大的。另外，设备虽然在运行，但是不在最佳性能状态运行，也会造成电量损失。

9. 例行维护

例行维护检修是电站必须进行的工作，安排好检修计划可以减少损失电量。电站应结合自身情况，合理制定检修时间，同时应提升检修的工作效率，减少电站因正常维护检修而损失的发电量。

10. 电网消纳

由于电网消纳的原因，一些地区电网调度要求光伏发电站限功率运行。

上述影响光伏发电站发电量的因素中，有的是可控的，如灰尘的遮挡、杂草的遮挡以及设备故障停机等，通过定期的清洗、除草可以解决灰尘遮挡和杂草遮挡造成的损失，通过快速的故障消缺可以降低设备故障停机造成的损失，从而提升电站发电量。而气象因素、组件衰减、设计缺陷（前后排组件遮挡、左右排组件遮挡、附近建筑物遮挡）等则属于不可控因素，在电站后期的运营维护中基本无法改变（除非进行大规模的电站技改），因此会持续影响电站的发电量。

总之，规范化电站运维管理是提高光伏系统效率的核心，通过建立科学的运维管理制度、快速的故障响应机制和规范的运维作业指导书，做到人人有职责、事事有程序、作业有标准、不良有纠错，形成一个良性循环，就能保证电站长期安全、稳定、高效运行，从而保障电站的发电收益最大化。

二、 接线盒与汇流箱

光伏组件的接线盒主要作用是将产生的电力与外部线路连接，并通过硅胶与组件的背板粘在一起。接线盒引出 MC4 插头将多个光伏组件连接在一起，使组件与外部线缆接通。

（一）接线盒的分类

光伏组件常见接线盒分类包括晶体硅接线盒、非晶硅接线盒、幕墙接线盒、薄膜组件接线盒，如图 2‐16 所示。

(a)　　　　　　　(b)　　　　　　　(c)　　　　　　　(d)

图 2‐16　接线盒分类

（a）传统型接线盒（晶硅组件系列）（b）非晶硅接线盒；（c）幕墙接线盒；（d）薄膜组件接线盒

（二）接线盒的结构与性能要求

接线盒主要由盒体、线缆及连接器三部分构成，具体包括底座、导电块、二极管、卡接口、焊接点、密封圈、盒盖、后罩及配件、连接器、电缆。接线盒在光伏系统中的配置如图 2-17 所示。接线盒主要组成部件的作用见表 2-3。

图 2-17　光伏系统中的接线盒

表 2-3　接线盒主要组成部件的作用

部件	作用
电缆密封装置	允许在接线盒内引入一个或多个电缆，以维持相关的保护类型的装置
密封圈	用于抵御污染物的侵入
连接口	接线盒的敞开式入口，可以控制电缆的插入和固定
电缆固线器	防止已安装的电缆在拉力、推力或扭力的作用下发生移位
光伏系统用连接器	通过使用与之匹配的电缆，对光伏组件进行连接或断开，并应避免带电插拔
接线端子	起到必要的机械固定及电气连接作用，可提供满足接触压力要求的部件

（三）光伏汇流箱的组成

光伏汇流箱主要由箱体、直流断路器、直流熔断器、防雷模块等部分组成。

1. 箱体

光伏汇流箱箱体外观如图 2-18 所示。

2. 直流断路器

直流断路器是整个汇流箱的输出控制器件，主要用于线路的分、合闸，工作电压高至 DC1000V，如图 2-19 所示。

图 2-18　光伏汇流箱　　　　　　　　　图 2-19　直流断路器

3. 直流熔断器

在组件发生倒灌电流时，光伏专用直流熔断器能够及时切断故障组串，额定工作电压达 DC1000V，额定电流一般选择 15A（晶硅组件）。光伏组件所用直流熔断器是专为光电系统而设计的专用熔断器（外形尺寸 10mm×38mm），采用专用封闭式底座安装，避免组串之间发生电流倒灌而烧毁电池组件，如图 2-20 所示。

4. 防雷模块

汇流箱中的防雷器，也称为浪涌保护器，用来防止电力系统中各种电器设备受雷电过电压、操作过电压、工频暂态过电压冲击而损坏，如图 2-21 所示。当电气回路或者通信线路中因为外界的干扰突然产生尖峰电流或者电压时，浪涌保护器能在极短的时间内导通分流，从而避免浪涌对回路中其他设备的损害。

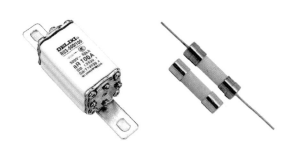

图 2-20　直流熔断器　　　　图 2-21　防雷模块（浪涌保护器）

（四）光伏汇流箱的功能

光伏汇流箱主要作用就是对光伏电池阵列的输入进行一级汇流，用于减少光电池阵列接入逆变器的连线，优化系统结构，提高可靠性和可维护性。在提供汇流防雷功能的同时，还监测了光电池板运行状态，汇流后电流、电压、功率，防雷器状态，具备直流断路器状态采集、继电器接点输出等功能，并且可以安装风速、温度、辐照仪等传感器。配备通信接口的汇流箱，通过通信网络可以把测量和采集到的数据上传监控系统。直流汇流箱的电路连接如图 2-22 所示。光伏汇流箱的连接方式如图 2-23 所示。

三、光伏逆变器

逆变器的功能是将直流电转换为交流电，还具有自动稳压的功能。并网光伏发电系统也需要使用具有并网功能的交流逆变器。此外，逆变器还应配置保护功能，包括输出短路保护、输出过电流保护、输出欠电压保护、输出缺相保护、功率电路超温保护、直流接地保护、防孤岛保护、极性反接保护、过载保护、低电压穿越功能、耐高频保护、耐高压功能等。

（一）光伏逆变器的类型

1. 光伏逆变器种类

（1）方波逆变器。逆变器输出的电压波形为方波。其优点是线路简单，价格便宜，

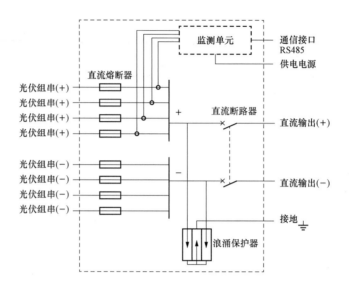

图 2-22　含监测单元的汇流箱电路连接

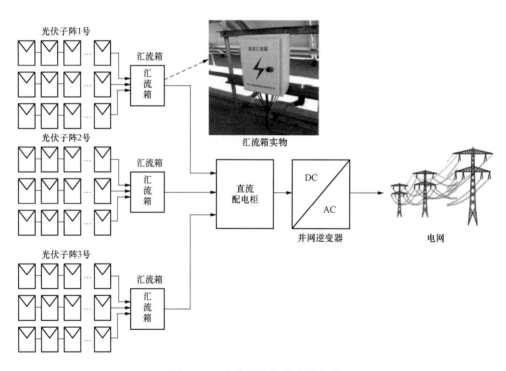

图 2-23　光伏汇流箱的连接方式

实现较容易；缺点是方波电压中含有大量的高次谐波成分，在负载中会产生附加的损耗，并对通信设备产生较大的干扰，需要外加额外的滤波器。

（2）阶梯波逆变器。逆变器输出的电压波形为阶梯波形。其优点是输出波形接近正弦波，比方波有明显的改善，高次谐波含量减少。但此逆变器往往需要多组直流电源供电，需要的功率开关管也较多，给光伏阵列分组和蓄电池分组带来不便。

（3）正弦波 PWM 逆变器。正弦波 PWM 逆变器的优点是输出波形基本为正弦波，在负载中只有很少的谐波损耗，对通信设备干扰小，整机效率高；缺点是设备复杂、价格高。PWM 调制输出信号频率称作逆变器的调制频率或开关频率，一般为逆变器输出交流基波频率的十几倍、几十倍到上百倍。PWM 调制的开关频率越高，逆变器输出波形谐波越小，但开关过程带来的功率损耗越大，要权衡选取开关管 PWM 调制的开关频率。

（4）复杂逆变器。由于光伏阵列具有灵活的组合特性，复杂逆变器可以方便地构成级联和多电平拓扑结构，带来诸多优越性，因此在光伏发电系统中得到了越来越多的应用。

2. 光伏变换器的整体拓扑类型

将光伏逆变器和电网接入点部分看作一个整体，称为光伏变换器。整体的拓扑结构主要分为四种类型，即单级非隔离型系统、多级非隔离型系统、工频隔离系统、高频隔离系统。

光伏逆变器根据有无隔离变压器分为隔离型和非隔离型，如图 2-24 所示。其中，非隔离型的光伏系统，会产生太阳电池对地的共模漏电流，而且无隔离变压器，并网系统容易向电网注入直流分量。

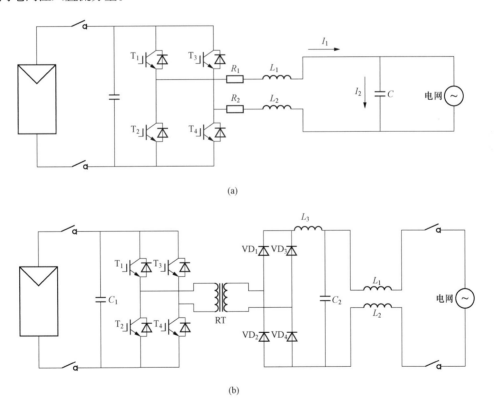

(a)

(b)

图 2-24 光伏变换器的整体拓扑结构

(a) 单相非隔离型；(b) 单相隔离型

非隔离型光伏逆变器又分为单级非隔离型光伏逆变器和多级非隔离型光伏逆变器。单级非隔离型光伏逆变器为了使直流侧电压达到能够直接并网逆变的电压等级，一般要求光伏阵列具有较高的输出电压。多级非隔离型逆变器不采用变压器进行输入与输出的隔离，只要采取适当措施也可以保证主电路和控制电路的安全，适应输入电压范围宽。尽管光伏电池的输出电压发生变化，但有了升压部分，就可以保证逆变部分输入电压的稳定，因此多级非隔离逆变器是主要的光伏逆变器主电路形式。

3. 集中式光伏逆变器

按照离、并网，光伏逆变器又可以分为离网逆变器和并网逆变器，其中并网逆变器又主要分为集中式光伏逆变器和组串式光伏逆变器。

图 2 - 25 所示为集中式光伏逆变器拓扑结构。在集中式光伏逆变器中，光伏阵列输出电压高，因而多采用单级非隔离型逆变系统；且容量较大，逆变单元一般为三相两电平逆变电路。

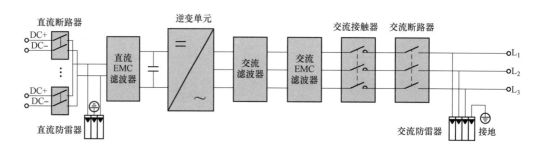

图 2 - 25　集中式光伏逆变器拓扑结构

集中式光伏逆变器容量从 500kW 到 2000kW 不等，如阳光电源股份有限公司生产的集中式光伏逆变器有 500、630、1000、1260、2000kW 等容量级别。

4. 组串式光伏逆变器

与集中式光伏逆变器不同，在组串式光伏系统中，由于光伏阵列输出电压低，因而主要采用多级式非隔离型逆变系统。组串式光伏逆变系统有单路、双路、三路、四路最大效率跟踪拓扑。其中，逆变电路大多为三相或单相两电平逆变电路，连接方式如图 2 - 26所示。

组串式光伏逆变系统容量从 3kW 到 225kW 不等。小容量的光伏逆变器多采用单相逆变电路，容量大多在 2～35kW，多采用单路或双路 MPPT 跟踪控制；中大容量的光伏逆变器采用三相逆变电路，容量在 35～225kW，需要较多的光伏组件并联或串联，多采用多路 MPPT 跟踪控制。

5. 离网逆变器

在离网运行时，离网逆变器负责将光伏电池的直流电逆变为交流电供给交流负载。

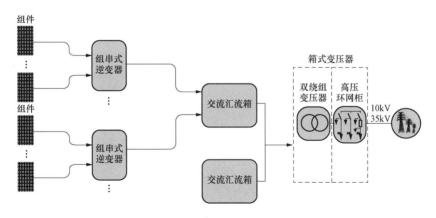

图 2-26　组串式光伏逆变器连接方式

常见的离网逆变器的容量在 $1\sim100\text{kVA}$，一般分为单相逆变器和三相两电平逆变器。离网光伏系统结构如图 2-27 所示。

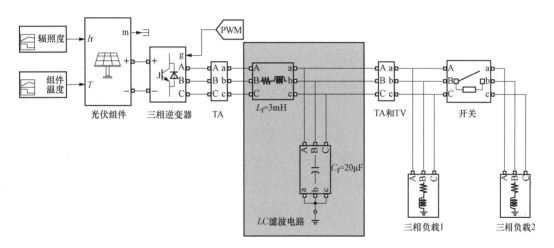

图 2-27　离网光伏系统结构

（二）光伏并网逆变器的数学模型

1. 逆变器的拓扑结构

典型的三相桥式逆变电路的拓扑结构如图 2-28 所示。

2. 逆变器的数学模型

$$
\begin{cases}
U_{\text{oa}} = U_{\text{sa}} - L\dfrac{\mathrm{d}i_{\text{a}}}{\mathrm{d}t} - Ri_{\text{a}} \\[2mm]
U_{\text{ob}} = U_{\text{sb}} - L\dfrac{\mathrm{d}i_{\text{b}}}{\mathrm{d}t} - Ri_{\text{b}} \\[2mm]
U_{\text{oc}} = U_{\text{sc}} - L\dfrac{\mathrm{d}i_{\text{c}}}{\mathrm{d}t} - Ri_{\text{c}}
\end{cases}
\tag{2-6}
$$

式中　U_{oa}、U_{ob}、U_{oc}——分别为逆变器输出侧的三相电压；

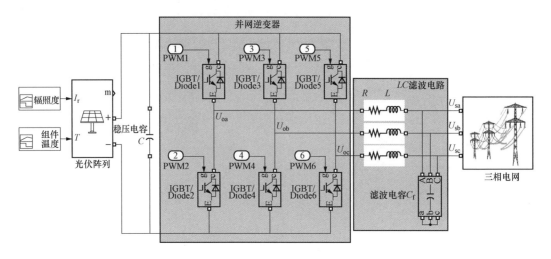

图 2-28 三相桥式逆变电路拓扑结构

U_{sa}、U_{sb}、U_{sc}——分别为电网端三相电压；

i_a、i_b、i_c——分别为逆变器输出电流；

R、L——分别为滤波器的电阻和电感。

将式（2-6）经 a、b、c 坐标系变换为 d、q、0 坐标系，写成矩阵形式可得

$$L\frac{\mathrm{d}}{\mathrm{d}t}\begin{bmatrix} i_d \\ i_q \end{bmatrix}=\begin{bmatrix} -R & -\omega L \\ \omega L & -R \end{bmatrix}\begin{bmatrix} i_{sd} \\ i_{sq} \end{bmatrix}+\begin{bmatrix} U_{sd}-U_{od} \\ U_{sq}-U_{oq} \end{bmatrix} \tag{2-7}$$

式中　U_{sd}、U_{sq}——分别为 dq 旋转坐标系下的网侧电压；

U_{od}、U_{og}——分别为 dq 旋转坐标系下逆变器输出侧电压；

i_d、i_q——分别为 dq 坐标系下逆变器输出的电流；

i_{sd}、i_{sq}——分别为 dq 坐标系下注入电网的电流。

通过电网电压定向矢量控制，即控制电网电压矢量与旋转的 d 轴方向重合，则电网电压矢量在 q 轴分量为零，即 $U_{sq}=0$，可得出

$$\begin{cases} U_{od}=U_{sd}-Ri_d-L\dfrac{\mathrm{d}i_d}{\mathrm{d}t}+\omega L i_q \\ U_{oq}=-Ri_q-L\dfrac{\mathrm{d}i_q}{\mathrm{d}t}-\omega L i_q \end{cases} \tag{2-8}$$

由式（2-8）计算出的 U_{od} 和 U_{oq} 再经 d、q、0 坐标系变换到 a、b、c 坐标系得到三相电压参考信号，用于生成逆变器触发脉冲的 PWM 波形。

（三）光伏并网逆变器的技术参数

（1）额定参数见表 2-4。

表 2-4 额定参数的定义和要求

参数	定义	要求
额定输出电压	在规定的输入直流电压允许的波动范围内,逆变器应能输出的电压值	(1) 在稳态运行时,电压波动范围应有一个限定,如偏差不超过额定值的±3%或±5%。 (2) 在负载突变(额定负载由0→50%→100%)或有其他干扰因素影响的动态情况下,其输出电压偏差不应超过额定值的±8%或±10%
额定输出频率	逆变器输出交流电压的频率应是一个相对稳定的值,通常为工频50Hz	正常工作条件下其偏差应在±1%以内
负载功率因数	表征逆变器带感性负载或容性负载的能力	在正弦波条件下,负载功率因数为0.7~0.9(滞后),额定值为0.9
额定输出功率	当输出功率因数为1(即纯阻性负载)时,额定输出电压与额定输出电流的乘积	当逆变器的负载不是纯阻性时,也就是功率因数小于1时,逆变器的有功负载能力将小于所给出的额定输出容量值。有些逆变器产品给出的是额定输出容量,其单位以VA或kVA表示
额定输出效率	在规定的工作条件下,逆变器输出功率与输入功率之比,以百分数(%)表示	逆变器在额定输出容量下的效率为满负荷效率,在10%额定输出容量的效率为低负荷效率
整机效率	表征逆变器自身功率损耗的大小,通常以百分数(%)表示	1kW级以下逆变器的效率应为80%~85%,10kW级逆变器的效率应为85%~90%。逆变器效率的高低对光伏发电系统提高有效发电量和降低发电成本有重要影响

(2) 转换效率。指在规定的测量周期时间 T_M 内,交流端输出的能量与在直流端输入的能量的比

$$\eta_{conv} = \frac{\int_0^{T_M} P_{AC}(t)dt}{\int_0^{T_M} P_{DC}(t)dt} \tag{2-9}$$

式中　$P_{AC}(t)$、$P_{DC}(t)$——分别为逆变器在交流端口输出和直流端输入功率的瞬时值;

η_{conv}——转换效率,其中无变压器型逆变器最大转换效率应不低于96%,含变压器型逆变器最大转换效率应不低于94%。

(3) 总效率。指在规定的测量周期时间 T_M 内,逆变器在交流端口输出的能量与理论上 PV 在该段时间内提供的电能的比值。逆变器的输出功率大于等于额定功率的75%时,效率应大于等于80%。逆变器的最高效率为98.6%,欧洲效率为97.5%,MPPT

效率达 99.9%。

（4）并网电流谐波。逆变器应具有滤除自身谐波的功能。

（5）功率因数。逆变器输出大于其额定功率的 50% 时，功率因数 $\cos\varphi$ 应不小于 0.98（超前或滞后）；输出在其额定功率的 20%~50% 之间时，功率因数 $\cos\varphi$ 应不小于 0.95（超前或滞后）。

$$\cos\varphi = \frac{P_{\text{out}}}{\sqrt{P_{\text{out}}^2 + Q_{\text{out}}^2}} \qquad (2-10)$$

式中　P_{out}——逆变器输出总有功功率；

　　　Q_{out}——逆变器输出总无功功率。

（6）输出电压稳定度。电压调整率应不大于 ±3%，负载调整率应不大于 ±6%。

（7）直流分量。应不超过其输出电流额定值的 0.5% 或 5mA，取二者中较大值。

（8）电压不平衡度。公共连接点的负序电压不平衡度应不超过 2%，短时不得超过 4%；逆变器引起的负序电压不平衡度不超过 1.3%，短时不超过 2.6%。

（9）噪声。正常运行时噪声应不超过 80dB，小型逆变器的噪声应不超过 65dB。

四、箱式变压器

（一）箱式变压器的功能和特点

箱式变压器也称为就地升压变压器，其在大型集中式光伏场站中的主要作用是将逆变器输出的电压升压至 10~35kV 后接入升压站的低压侧，如图 2-29、图 2-30 所示。

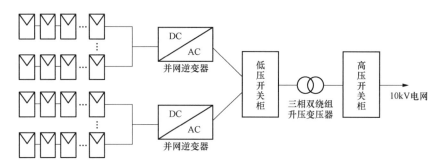

图 2-29　10kV 高压并网系统

图 2-30　光伏系统中的箱式变压器

1. 逆变器与升压变压器的连接

目前光伏逆变技术已日臻成熟，光伏系统中的大型逆变器单机最常用机型为500kW，因此大型光伏发电站中500kW为最小发电单元，其与升压变压器典型连接方式如图2-31所示。

图2-31（a）所示为500kW发电单元与一台500kVA双绕组升压变压器组成的发电单元。该单元接线结构简洁，可靠性较高，成本高，一般发电单元较为分散的工程为了降低电能损耗及降低导线成本，可考虑此种接线方式，但并不适用于集中式光伏系统。

图2-31（b）所示为两个500kW发电单元与一台1000kVA双绕组升压变压器组成的发电单元—双绕组变压器扩大单元接线。

图2-31（c）所示为两个500kW发电单元与一台1000kVA双分裂三绕组升压变压器组成的发电单元—双分裂变压器扩大单元接线。

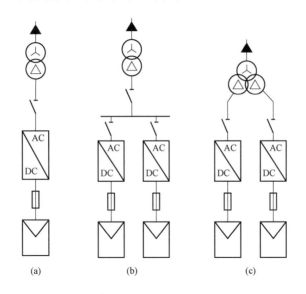

图2-31　逆变器与升压变压器的连接方式

（a）逆变器—双绕组变压器单元接线；（b）逆变器—双绕组变压器扩大单元接线；

（c）逆变器—双分裂绕组变压器扩大单元接线

图2-31（b）和（c）所示连接方式适用于大型集中光伏系统。相比双绕组变压器来说，虽然双分裂变压器成本高，但其实现了两台逆变器之间的电气隔离，不仅减小了两支路间的电磁干扰及环流影响，而且两台逆变器的交流输出分别经变压器滤波，使得输出电流谐波小，提高了输出的电能质量。

2. 双绕组分裂变压器

分裂变压器与普通变压器的区别在于低压绕组中有一个或几个绕组分裂成额定容量相等的几个支路，这几个支路之间没有电气联系，仅有较弱的磁联系，而且各分支之间有较大的阻抗。应用较多的是双绕组双分裂变压器，它有一个高压绕组和两个分裂的低压绕组，分裂绕组的额定电压和额定容量都相同。

分裂变压器有以下特点：

（1）能有效地限制低压侧短路电流，因而可选用轻型开关节省投资。正常运行时分裂变压器的穿越阻抗和普通变压器的阻抗值相同，当低压侧一端短路时，由于分裂阻抗较大，短路电流较小。

（2）在应用分裂变压器对两段母线供电的情况下，当一段母线发生短路时，除了有效地限制短路电流外，还能使另一段母线上电压保持一定水平，不影响用户的运行。

（3）分裂变压器制造较为复杂。当低压绕组产生接地故障时，很大的电流流向一侧绕组使分裂变压器铁芯失去磁平衡，在轴向上产生巨大的短路机械应力，必须采取坚固的支撑机构，因此在造价上分裂变压器约比同容量普通变压器贵20％。

（4）分裂变压器对两段低压母线供电时，若两个负荷不相等，则两段母线上的电压也不相等，损耗随之增大，因此分裂变压器适用于两段负荷均衡，又需限制短路电流的情况。

分裂变压器的运行方式：

（1）分裂运行。两个低压分裂绕组运行，低压绕组间有穿越功率；高压绕组不运行，高、低压绕组间无穿越功率。在这种运行方式下，两个低压绕组间的阻抗称为分裂阻抗。

（2）并联运行。两个低压绕组并联，高压绕组运行，高、低压绕组间有穿越功率，在这种运行方式下，高、低压绕组间的阻抗称为穿越阻抗。

（3）单独运行。当任一低压绕组开路，另一低压绕组和高压绕组运行，在此运行方式下，高、低压绕组之间的阻抗称为半穿越阻抗。

分裂阻抗和穿越阻抗之比，称为分裂系数。

主变压器通常安装在光伏系统的升压站中，根据光伏系统的容量，将10kV或35kV的电能升压至110、220、330kV，接入输电网。

（二）变压器的数学模型

变压器的工作原理如图2-32所示，铁芯提供磁通的闭合路径。两个绕组中，一次侧绕组（原边）匝数为N_1，二次侧绕组（副边）匝数为N_2。当一次绕组接交流电压后，就有激磁电流i_0存在，该电流在铁芯中可产生一个交变的主磁通Φ，Φ在两个绕组中分别产生感应电势e_1和e_2。

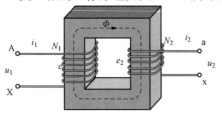

图2-32　变压器工作原理

$$e_1 = -N_1 \frac{\mathrm{d}\varPhi}{\mathrm{d}t} \qquad (2\text{-}11)$$

$$e_2 = -N_2 \frac{\mathrm{d}\varPhi}{\mathrm{d}t} \qquad (2\text{-}12)$$

若略去绕组电阻和漏抗压降，则式（2-11）与式（2-12）之比为

$$u_1/u_2 \approx e_1/e_2 = N_1/N_2 = k \qquad (2\text{-}13)$$

其中，k 定义为变压器的变比。从式（2-13）可以看出，若固定 u_1，只要改变匝数比即可达到改变电压的目的。若使 $N_2 > N_1$，则为升压变压器；若使 $N_2 < N_1$，则为降压变压器。变压器带负载运行时的等值电路如图 2-33 所示。

（三）变压器的技术参数

变压器的主要技术参数包括额定容量 S_N、额定电压 U_N（线电压）、额定电流 I_N、额定变比 k_N、额定频率 f_N。此外，铭牌上还标有相数、额定温升、冷却方式、额定效率、联结组别、额定短路损耗（铜耗）p_{kN}、空载损耗（铁耗）p_{Fe}、短路电压百分数和空载电流百分数等。根据图 2-33 和变压器铭牌，通过短路实验和开路实验可计算出 R_m、X_m、R_1、R'_2、$X_{\sigma1}$ 和 $X'_{\sigma2}$。下面以单相变压器为例，介绍变压

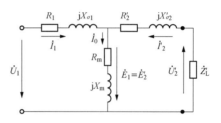

图 2-33　变压器 T 形等值电路

R_1—高压绕组的电阻；R'_2—低压侧绕组电阻折算至高压侧的值；$X_{\sigma1}$—高压侧绕组的漏抗；$X'_{\sigma2}$—低压侧绕组漏抗折算至高压侧的值；R_m—变压器的励磁电阻；X_m—变压器的励磁电抗；$\dot{U}_1$—变压器高压侧的电压；$\dot{U}'_2$—变压器低压侧折算至高压侧的电压

器最为重要的两个实验：变压器短路实验、变压器空载实验。

1. 变压器短路实验

图 2-34 所示为变压器短路实验的电路模型和表计接线。实验具体步骤如下：

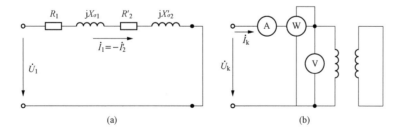

(a)　　　　　　　　　　　　　(b)

图 2-34　变压器短路实验电路模型及测量表计接线

（a）实验电路模型；（b）测量表计接线

（1）将变压器低压侧绕组短接。

（2）在变压器高压侧从零开始逐步提高电压，观测电流表电流 I_k 达到高压侧的额定电流时停止升高电压，即 $I_k = I_{1N}$。

（3）记录功率表数值，该功率即为额定短路功率（铜耗）。

（4）记录电压表数值，该数值与高压侧额定电压的比值为短路电压百分数 $U_k\%$。

通过上述实验步骤，可得出以下参数计算表达式。

短路阻抗的模
$$|Z_k| = \frac{U_k}{I_k}$$
(2 - 14)

短路电阻
$$R_k = \frac{P_k}{I_k^2}$$
(2 - 15)

短路电抗
$$X_k = \sqrt{Z_k^2 - R_k^2}$$
(2 - 16)

短路电压百分数
$$U_k\% = \frac{U_k}{U_N} \times 100\%$$
(2 - 17)

由变压器的参数可知，变压器 X_k 通常远大于 R_k，则式（2 - 17）可化为

$$U_k\% = \frac{\sqrt{3}U_k I_{1N}}{\sqrt{3}U_N I_{1N}} \times 100\% \approx \frac{Q_k}{S_N} \times 100\%$$
(2 - 18)

可得出变压器满载运行阻抗支路消耗的无功功率表达式为

$$Q_k = \frac{U_k\%}{100} \times S_N$$
(2 - 19)

2. 变压器空载实验

图 2 - 35 所示为变压器空载实验的电路模型和表计接线。实验具体步骤如下：

（1）将变压器低压侧绕组开路。

（2）在变压器高压侧加入额定电压，即 $U_1 = U_{1N}$。

（3）记录功率表数值，该功率即为空载功率 p_{Fe}（铁耗）。

（4）记录电流表数值，该数值与高压侧额定电流的比值为空载电流百分数 $I_0\%$。

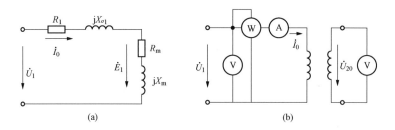

(a)　　　　　　　　　(b)

图 2 - 35　变压器空载实验电路模型及测量表计接线

（a）实验电路模型；（b）测量表计接线

通过上述实验步骤，可得出以下参数计算表达式。

变压器额定变比
$$k = \frac{U_1}{U_{20}}$$
(2 - 20)

励磁阻抗的模
$$|Z_m| = \frac{U_1}{I_0}$$
(2 - 21)

励磁电阻
$$R_{\mathrm{m}} = \frac{p_{\mathrm{Fe}}}{I_0^2} \qquad (2\text{-}22)$$

励磁电抗
$$X_{\mathrm{m}} = \sqrt{Z_{\mathrm{m}}^2 - R_{\mathrm{m}}^2} \qquad (2\text{-}23)$$

空载电流百分数
$$I_0\% = \frac{I_0}{I_{1N}} \times 100\% \qquad (2\text{-}24)$$

由变压器的参数可知，变压器 X_{m} 通常远大于 R_{m}，则式（2-24）可化为

$$I_0\% = \frac{\sqrt{3}U_N I_0}{\sqrt{3}U_N I_{1N}} \times 100\% \approx \frac{Q_0}{S_N} \times 100\% \qquad (2\text{-}25)$$

可得出变压器空载时励磁支路消耗的无功功率表达式为

$$Q_0 = \frac{I_0\%}{100} \times S_N \qquad (2\text{-}26)$$

结合式（2-19）和式（2-26）可得出变压器满载运行所消耗的无功功率为

$$Q_T = Q_k + Q_0 = \frac{I_0\%}{100} \times S_N + \frac{U_k\%}{100} \times S_N = \left(\frac{I_0\%}{100} + \frac{U_k\%}{100} \right) \times S_N \qquad (2\text{-}27)$$

式（2-27）是配置光伏场站变压器无功补偿容量的重要考虑因素。

（四）光伏系统常用箱式变压器典型数据

光伏系统常用箱式变压器典型数据见表 2-5。

表 2-5　　　　　　　　　　　光伏系统常用箱式变压器典型数据

型式	35kV 双分裂绕组 升压变压器	型式	10kV 三相干式双绕组变压器
容量	1000kVA	容量	500kVA
变比	(38.5±2)×2.5%/0.4kV	变比	(10.5±2)×2.5%/0.4kV
调压方式	无励磁调压	调压方式	无励磁调压
联结组别	Yd11d11	联结组别	Dyn11
短路阻抗	6%	短路阻抗	6%
冷却方式	自然冷却/风冷	冷却方式	自然冷却/风冷

五、 光伏系统电缆

按整个光伏系统逆变器前后电压电流特征，光伏系统电缆可分为直流电缆及交流电缆，而根据用途及使用环境的不同又有不同分类。

直流电缆包括：

（1）组件与组件之间的串联电缆。

（2）组串之间及其组串至直流配电箱（汇流箱）之间的并联电缆。

（3）直流配电箱至逆变器之间电缆。

以上直流电缆户外敷设较多，需防潮、防暴晒、耐寒、耐热、抗紫外线，在某些特

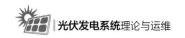

殊的环境下还需防酸碱等化学物质。其中组件与组件之间的连接电缆通常与组件成套供应。

交流电缆包括：

（1）逆变器至升压变压器的连接电缆。

（2）升压变压器至配电装置的连接电缆。

（3）配电装置至电网或用户的连接电缆。

（一）电缆参数

光伏电缆相较于架空线路，在结构上完全截然不同，三相电缆的三相导线的距离很近，导线截面是圆形或者扇形，导线的绝缘介质为不同绝缘材料，绝缘层外有铝包或者铅包，最外层还有钢铠。复杂的电缆结构使得电缆参数的计算也非常复杂，通常由手册或者厂家给定的参数确定。电缆产品型号中各部分代号及其含义见表2-6。

表2-6 电缆产品型号中各部分代号及其含义

符号	含义	符号	含义	符号	含义
A	安装线缆	X	橡胶	P	屏蔽
B	布电线	VZ	阻燃聚氯乙烯	R	软线
K	控制	B	聚丙烯	S	双绞，射（频）
F	氟塑料	V	聚氯乙烯	B	平行（即扁的）
J	交联	L	铝	B	编织套
SB	无线电装置用线	H	橡套	D	不滴流
WDZ	无卤低烟阻燃型	Y	聚乙烯	T	特种
F	分相	ZR	具有阻燃	W	耐气候、耐油

（二）电缆的选型计算与种类

1. 电缆的造型计算

光伏发电站电缆的选择与敷设应符合GB 50217—2018《电力工程电缆设计标准》的规定。

电缆截面应进行技术经济比较后选择确定。

（1）直流供电回路宜采用两芯电缆，当需要时可采用单芯电缆。

（2）高温（100℃以上）或低温（-20℃以下）场所不宜用聚氯乙烯绝缘电缆。

（3）直埋敷设电缆，当电缆承受较大压力或者有机械损伤危险时，应用钢带铠装电缆。

（4）最大工作电流作用下的电缆芯温度不得超过按电缆使用寿命确定的允许值。

（5）确定电缆持续允许载流量的环境温度。如果电缆敷设在空气中或电缆沟中，应取最热月日最高温度的平均值。

电缆截面的选择应满足允许温升、电压损失、机械强度等要求。直流系统电缆按电缆长期允许载流量选择,并按电缆允许压降校验,计算公式如下

电缆长期允许载流量

$$KI_{xu} = I_g \qquad (2-28)$$

回路允许电压降

$$S_{cac} = \rho \cdot 2LI_{ca}/\Delta U_p \qquad (2-29)$$

式中 K——不同敷设条件下综合校正系数;

I_{xu}——允许载流量,A;

I_g——电缆回路持续工作电流,A;

S_{cac}——电缆计算截面积,mm^2;

ρ——电阻系数;

I_{ca}——计算电流,A;

L——电缆长度,m;

ΔU_p——回路允许电压降,V。

汇流箱等设备两侧电缆选型对照见表 2-7~表 2-10。

表 2-7
汇流箱两侧电缆选型对照

序号	汇流箱规格	断路器额定电流(A)	组件侧电缆规格	直流柜侧电缆规格(mm²)
1	2 进 1 出	16	PV1-F1×4mm²	4 或 6
2	3 进 1 出	25	PV1-F1×4mm²	6
3	4 进 1 出	32	PV1-F1×4mm²	10
4	5 进 1 出	40	PV1-F1×4mm²	10 或 16
5	6 进 1 出	50	PV1-F1×4mm²	16
6	7 进 1 出	63	PV1-F1×4mm²	16
7	8 进 1 出	64	PV1-F1×4mm²	25
8	9 进 1 出	80	PV1-F1×4mm²	35
9	10 进 1 出	80	PV1-F1×4mm²	35 或 50
10	11 进 1 出	100	PV1-F1×4mm²	50
11	12 进 1 出	100	PV1-F1×4mm²	50
12	13 进 1 出	125	PV1-F1×4mm²	50 或 70
13	14 进 1 出	125	PV1-F1×4mm²	70
14	15 进 1 出	125	PV1-F1×4mm²	70
15	16 进 1 出	160	PV1-F1×4mm²	70
16	17 进 1 出	200	PV1-F1×4mm²	70

表 2 - 8 直流柜两侧电缆选型对照

序号	直流柜规格	断路器额定电流（A）	汇流箱侧电缆规格（mm²）	直流柜侧电缆规格（mm²）
1	2 进 1 出	16	4	4
2	3 进 1 出	32	6	6
3	4 进 1 出	40	10	10
4	5 进 1 出	50	16	16
5	6 进 1 出	50	16	16
6	7 进 1 出	63	16	16
7	8 进 1 出	80	25	25
8	9 进 1 出	80	35	35
9	10 进 1 出	80	50	50
10	11 进 1 出	100	50	50
11	12 进 1 出	100	50	50
12	13 进 1 出	125	70	70
13	14 进 1 出	125	70	70
14	15 进 1 出	125	70	70
15	16 进 1 出	160	70	70
16	17 进 1 出	160	70	70

表 2 - 9 逆变器两侧电缆选型对照

序号	逆变器规格（kW）	逆变器相数	直流柜侧电缆规格（mm²）	变压器侧电缆规格（mm²）
1	5	单相	2×6	2×6
2	10	单相	2×10	2×10
3	17	三相	2×10	3×10
4	20	三相	2×16	3×16
5	50	三相	2×70	3×50
6	100	三相	2×120	3×120
7	250	三相	2×300 或 4×120	3×300
8	500	三相	4×300 或 6×185	6×300 或 9×185
9	630	三相	6×300 或 8×185	9×240

表 2 - 10 变压器两侧电缆选型对照

序号	变压器规格（kVA）	变压器位置	低压侧电缆规格（mm²）	高压侧电缆规格（mm²）
1	500	T 接终端	6×300	3×25
2	630	T 接中间端	9×300	3×25

序号	变压器规格（kVA）	变压器位置	低压侧电缆规格（mm²）	高压侧电缆规格（mm²）
3	1000	T接中间端	12×300	3×70
4	1250	T接中间端	15×300	3×95

电缆路径的选择应符合下列规定：

（1）避免电缆遭受机械性外力、过热、腐蚀等危害。

（2）在满足安全要求条件下使电缆较短。

（3）便于敷设、维护。

（4）避开将要挖掘施工的地方。

（5）电缆在任何敷设方式及其全部路径条件的上下左右改变部件位置，都应满足电缆允许弯曲半径要求。

2. 电缆的种类

（1）光伏专用电缆 PV1－F1×4mm²。

1）组串到汇流箱的电缆一般用光伏专用电缆 PV1－F1×4mm²。

2）特点：结构简单，其使用的聚烯烃绝缘材料具有极好的耐热、耐寒、耐油、耐紫外线性能，可在恶劣的环境条件下使用，具备一定的机械强度。

3）敷设：可穿于管中加以保护，利用组件支架作为电缆敷设的通道和固定，降低环境因素的影响。

（2）动力电缆 ZRC‐YJV22。

1）钢带铠装阻燃交联电缆 ZRC‐YJV22 广泛应用于汇流箱到直流柜，直流柜到逆变器，逆变器到变压器，变压器到配电装置，配电装置到电网的连接电缆。ZRC‐YJV22 电缆标称截面积有 2.5、4、6、10、16、25、35、50、70、95、120、150、185、240、300mm²。

2）特点：质地较硬，耐温等级 90℃，使用方便；介质损耗小，耐化学腐蚀，敷设不受落差限制；具有较高的机械强度，耐环境应力好，热老化性能和电气性能良好。

3）敷设：可直埋，适用于固定敷设，适应不同敷设环境（地下、水中、沟管及隧道）的需要。

（3）动力电缆 NH‐VV。

1）铜芯聚氯乙烯绝缘聚氯乙烯护套耐火电力电缆 NH‐VV 适用于额定电压 0.6/1kV。

2）特点：长期允许工作温度为 80℃。敷设时允许的弯曲半径：单芯电缆不小于 20 倍电缆外径，多芯电缆不小于 12 倍电缆外径。敷设环境温度不低于 0℃ 的条件下，电缆无需预先加热。电缆敷设不受落差限制。

3）敷设：适用于有耐火要求的场合，可敷设在室内、隧道及沟管中。不能承受机械外力的作用，可直接埋地敷设。

（4）通信电缆 DJYVRP2 - 22。

1）聚乙烯绝缘聚氯乙烯护套铜丝编织屏蔽铠装计算机专用软电缆 DJYVRP2 - 22，适用于额定电压 500V 及以下，对防干扰要求较高的电子计算机和自动化连接。

2）特点：具有抗氧化性好，绝缘电阻高，耐电压好，介电系数小；在确保使用寿命的同时，还能减少回路间的相互串扰和外部干扰，信号传输质量高；最小弯曲半径不小于电缆外径的 12 倍。

3）敷设：电缆允许在环境温度－40～50℃的条件下固定敷设使用。适用于室内、电缆沟、管道等要求静电屏蔽的场所。

（5）通信电缆 RVVP。

1）铜芯聚氯乙烯绝缘聚氯乙烯护套绝缘屏蔽软电缆 RVVP，又称为电气连接抗干扰软电缆，是适用于报警、安防等需防干扰、安全高效传输数据的通信电缆。

2）特点：额定工作电压 3.6/6kV，电缆导线的长期工作温度为 90℃，最小允许弯曲半径为电缆外径的 6 倍。主要用来做通信电缆，起到抗干扰的作用。

3）敷设：不能在日光下暴晒，底线芯必须良好接地。如需抑制电气干扰强度的弱电回路通信电缆，应敷设于钢制管、盒中。与电力电缆平行敷设时的相互间距宜在可能的范围内远离。

（6）射频电缆 SYV。

1）实芯聚乙烯绝缘聚氯乙烯护套射频同轴电缆通常标记为 SYV，是一种特定类型的射频电缆，广泛用于通信、雷达、无线电和电视广播、卫星通信及测试和测量领域。

2）特点：监控中常用的视频线主要是 YV75 - 3 和 SYV75 - 5 两种。如果传输视频信号在 200m 内可以用 SYV75 - 3，如果在 350m 范围内就可以用 SYV75 - 5。

3）敷设：可穿管敷设。

本 章 小 结

本章概述了光伏电池的发电原理和光伏系统的基本组成。介绍了集中式与分布式光伏系统的应用场景，以及光伏组件的不同类型和性能比较。讨论了光伏组件技术参数对系统效率的影响，以及接线盒、汇流箱、逆变器和变压器在系统中的作用。最后，指出了光伏系统电缆的选择和敷设要求，以及不同种类电缆的应用场景。本章为光伏系统的设计、安装和运维提供了坚实的理论基础。

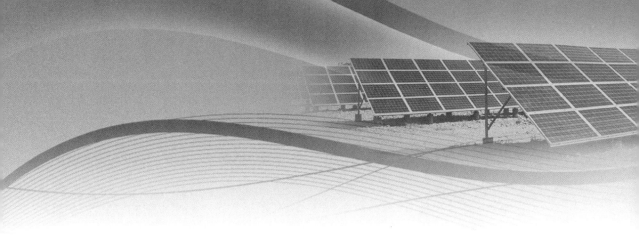

第三章 光伏发电站安全环保管理

光伏发电站应建立健全各项安全生产环境保护管理制度，明确并落实各级人员的安全生产环境保护责任制和防火责任制，建立符合光伏发电站实际的运行规程和检修规程，构建安全风险分级管控和隐患排查治理双重预防机制，提高安全生产水平，确保生产安全。

第一节 电气设备运行维护安全

一、 电气设备的巡视维护要求

（1）巡视过程中要应正确佩戴安全帽，穿全棉长袖工作服和绝缘鞋。

（2）巡视高压设备时，不宜进行其他工作，不准越过围栏。

（3）雷雨天气需要巡视室外高压设备时，应穿绝缘靴，不应使用伞具，不应靠近避雷器和避雷针。

（4）雷雨天气禁止对光伏发电单元进行巡视，高温、五级以上大风等恶劣天气不宜进行户外巡视，防止组件松动吹落砸伤。

（5）在雷雨季节前后及雷雨过后应及时检查逆变器、箱式变压器、汇流箱的防雷保护装置。

（6）应定期对"五防"装置进行检查。未经批准，不得擅自解除"五防"闭锁装置。

（7）应定期开展防火防盗设备及设施检查工作。

（8）大雨、大风、大雪、扬尘等恶劣天气后应对电缆沟进行巡视、对室外主要电气设备接线等进行测温检查等。

（9）应对防寒、防汛、防高温的设备、设施及物资开展季节性的巡视维护检查工作。

（10）应每月对纵向加密和横向隔离等网络安全装置进行检查，定期更新病毒库，或按调度要求进行检查更新。

（11）对巡视发现的隐患应进行分类管理，能立行立改的应及时治理，不能立行立改的应建立隐患档案闭环管理，必要时挂牌督办。

（12）在带电设备周围进行测量工作时，不应使用钢卷尺、皮卷尺和线尺（夹有金属丝的）。

二、 隐患的排查治理

（一）隐患的分类

依据《国家发展改革委办公厅国家能源局综合司关于进一步加强电力安全风险分级管控和隐患排查治理工作的通知》发改办能源〔2021〕641号，对于电力安全隐患，主要依据可能造成的后果进行分级，可能造成特别重大电力事故、重大电力事故、较大电力事故、一般电力事故，电力安全事件的隐患分别认定为特别重大、重大、较大、一般、较小隐患。

（二）建立健全隐患排查治理制度

光伏发电站应当建立健全并落实生产安全事故隐患排查治理制度，采取技术、管理措施，及时发现并消除事故隐患。事故隐患排查治理情况应当如实记录，并通过职工大会或者职工代表大会、信息公示栏等方式向从业人员通报。其中，重大事故隐患排查治理情况应当及时向负有安全生产监督管理职责的部门和职工大会或者职工代表大会报告。

（三）隐患治理督办制度

按照隐患等级越高，督办力度越大的原则，加强对重大以上等级电力安全隐患的挂牌督办。对排查发现的特别重大隐患，由隐患所属企业的集团总部主要负责人以及国家能源局相关派出机构和省级政府电力管理部门主要负责人挂牌治理，国家发展改革委、国家能源局进行督办；对排查发现的重大隐患，由隐患所属企业的集团总部分管安全生产的负责人挂牌治理，国家能源局派出机构和省级政府电力管理部门联合督办，国家发展改革委、国家能源局认为有必要的，可以提级督办。

三、 主要电气设备运行维护安全注意事项

（一）光伏方阵运行与维护

（1）在光伏支架范围内作业前，应对作业范围内光伏组件的铝框、支架进行测试确认无电压。

（2）在寒冷、潮湿和盐雾腐蚀严重的地区，停止运行一个星期以上的单轴、双轴跟踪式光伏支架在投运前应测量电机绝缘合格后方可投入运行。

（3）在大风、冰雹、大雨及雷电天气过后应对光伏组件、汇流箱、逆变器进行一次外观全面检查。

（4）每 3 个月宜对光伏阵列的基础支架及接地网进行一次全面检查。

（5）每个月宜对单轴、双轴跟踪式光伏支架的方位角转动机构和高度角转动机构进行检查。

（6）对于具有跟踪系统的光伏发电站进行维护检修时，应注意五级以上大风天气不宜进行高处作业和起吊作业。

（7）光伏组件运行时局部温度可能超过 60℃，请勿触摸，避免烫伤。

（二）汇流箱运行维护

（1）每年雷雨季节宜对汇流箱防雷装置每月检查一次；每年春、冬季应对汇流箱密封及防火封堵情况进行检查。

（2）汇流箱通电前，应检查箱内接线情况及接地和光伏组件极性连接正确性。对户外安装的汇流箱，不宜在雨雪天进行开箱操作。

（3）汇流箱内的熔丝不宜在运行中装卸和更换。更换汇流箱内的熔丝应断开汇流箱直流断路器，经检测无电流后再进行更换。

（4）在汇流箱内进行接线应断开逆变器侧直流、交流断路器，或将逆变器停机，检测汇流箱内确无电压后进行接线。

（5）检查接入汇流箱的电线应牢固，绝缘无老化、龟裂，电线插头无发热痕迹。

（三）逆变器运行与维护

（1）至少每半年对光伏逆变器装置清洁一次。

（2）每年应对逆变器紧急停机功能检查 1～2 次，并进行逆变器紧急停机及远程启停试验。

（3）逆变器投入运行后，不应在进风口和排风口堆放物品。

（4）光伏逆变器出现声音异常、焦味、冒烟等异常情况或可能遭受水灾时，应立即断开交、直流侧断路器。

（5）逆变器散热风扇运行时不应有较大振动及异常噪声，如有异常情况应断电检查。

（6）逆变器发生火灾时，应先立即断开汇流箱开关及箱式变压器高、低压侧开关，后进行灭火。

（7）逆变器运行中不应打开柜门，进行检测时应将逆变器停机并切断直流、交流和控制电源并确认无电压残留后，在有专人监护的情况下进行。

（8）在盐雾、高寒、高湿及沙尘地区应定期检查逆变器密封可靠性和完整性，避免腐蚀、潮湿造成设备短路、火灾。

（9）定期检查逆变器内部有无进水锈蚀，检查逆变器内加热器、去潮装置是否运行正常。

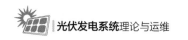

（10）定期检查输入、输出逆变器内的直流电流、交流电流是否平衡。

（四）SVG 运行与维护

（1）功率单元进行维护前，需使用万用表直流电压挡（1000V）测量直流母排及直流电容器上的剩余电压，确保剩余电压不超过 24V。

（2）禁止使用绝缘电阻表测试功率单元的绝缘电阻，避免损坏功率单元。

（3）定期检查冷却风扇叶片等是否有裂缝或者磨损，启动时是否有异常振动与噪声。

（4）设备停电后应使用吸尘器对滤尘网、风道上的粉尘进行一次全面清扫。对于严重堵塞的滤尘网，应进行清洗或更换。

（5）SVG 高负荷运行中应检查无功补偿装置有无异音，SVG 室内温度不能高于 40℃。

（6）SVG 运行时，启动柜内的限流电阻和旁路接触器、功率柜内的各功率单元均为高电位，因此严禁打开 SVG 的网门，避免发生触电事故。

（7）使用功率单元上的把手搬运功率单元时，应注意不要磕碰损伤内部的 IGBT 模块。

第二节　电气设备的检修与调试安全

在光伏发电站生产区域进行安装、检修、试验等工作前应进行风险分析预控，按照（GB 26860—2011）《电力安全工作规程　发电厂和变电站电气部分》应有保证安全的组织措施和技术措施，需要对设备、系统采取安全措施或需要运行人员在运行方式上采取保障人身、设备安全的措施时，应使用统一格式填写与签发的工作票和操作票，并对作业过程中可能存在的危险因素进行分析、预控。

一、作业前的风险分析预控

（一）风险分析方法

根据 LEC 安全风险评价方法中 LEC 值的大小及所对应的风险危害程度，将风险从小到大分为五级：稍有风险、一般风险、显著风险、高度风险、极高风险，按照风险程度采取针对措施进行管理与控制，其中，L(like lihood) 指事故发生的可能性，E(exposure) 指人员暴露于危险环境中的频繁程度，C(consequence) 指一旦发生事故可能造成的后果。

（二）风险分级管控

依据 LEC 法对日常工作进行风险评估并编制风险评估表，制定针对不同风险等级的标准防控措施，在作业前落实防控措施。风险分级防控可参照表 3-1 进行。

表 3-1　　　　　　　　　　　　作业安全风险管控要求

序号	风险等级	人员到岗要求		
		集团公司	省分公司	光伏发电站
1	稍有风险	—	—	专（兼）职安全员
2	一般风险		生产管理部门、安全监督部门相关管理人员	光伏发电站负责人、专（兼）职安全员
3	显著风险（需要整改）		生产管理部门、安全监督部门负责人和相关管理人员	光伏发电站负责人、专（兼）职安全员
4	高度风险（需要立即整改）	生产管理部门、安全监督部门负责人和相关管理人员	分管领导、生产管理部门、安全监督部门负责人和相关管理人员	光伏发电站负责人、专（兼）职安全员
5	极高风险	停止作业		

二、主要电气设备的检修安全注意事项

（一）光伏方阵检修调试

（1）光伏支架应具有接地连接，宜结合每年防雷检测进行接地导通测试。

（2）绝缘电阻测试时，若方阵输出端装有防雷器，测试前要将防雷器的接地线从电路中脱开，测定完毕后再恢复原状。

（3）同一光伏组件或光伏组件串的正、负极不应短接。

（4）不应触摸光伏组件串的金属带电部位。

（5）不应在雨中进行光伏组件的连线测试工作。

（6）在光伏组件有电流输出时，禁止带电直接插拔直流侧光伏电缆的 MC4 插头。

（7）光伏组件串并入汇流箱时，应采取防止拉弧措施。

（8）更换组件串中的组件时应断开组串支路熔断器，应采取防止拉弧措施。

（二）汇流箱的检修调试

（1）检修与调试前，应检查采用金属箱体的汇流箱已可靠接地，并用验电设备检验汇流箱金属外壳和相邻设备是否有电。

（2）检修时，汇流箱的所有开关和熔断器应处于断开状态。

（3）汇流箱内光伏组件串的电缆接线前，应确认光伏组件侧和逆变器侧均有明显断开点。

（4）投运前，应检查汇流箱接线、接地和光伏组件极性的连接正确性。

（5）投运前，接入汇流箱的电缆、光伏组件均已调试完毕。

（6）投运前，检查汇流箱内采集模块通信正常，电压、电流与监控主机画面显示一致。

（三）逆变器的检修

（1）检修前，应检查逆变器机柜内防护措施得当，能够防止检修与调试人员直接接触电极部分，并确保逆变器已经可靠接地。

（2）检修前，应断开逆变器中的所有进、出线开关，对工作中有可能触碰的相邻带电设备应采取停电或绝缘遮蔽隔离措施，检查和更换电容器前，应将电容器充分放电。

（3）检修完毕，应及时拆除绝缘遮蔽隔离措施，临时放电短接线等。

（4）电缆接线完毕后，逆变器本体的预留孔洞及电缆管口应进行防火封堵。

（5）接入逆变器的所有汇流箱及电缆，应在接入逆变器前调试完毕。

（6）投运前，检查逆变器通信正常，电压、功率、电流与监控主机画面显示一致。

（四）SVG 的检修调试

（1）SVG 停机后，应断开隔离开关或将 SVG 主开关拉至检修位置。

（2）即使 SVG 已经断开电源，SVG 的功率单元的直流母排及直流电容器上仍然残留有危险的直流电压，因此在断开电源至少 10min（或按照制造商说明书要求）后才允许打开 SVG 柜门，且未经电压测试前禁止触碰功率单元的直流侧电容及相关部件。

（3）禁止对 SVG 进行耐压试验，否则将损坏 SVG。

（4）SVG 升级前做好参数、数据备份。

第三节　安全防护与警示告知

一、常见的安全防护措施

（一）安全距离

人与带电体、带电体与带电体、带电体与地面（水面）、带电体与其他设施之间需保持的最小距离称为安全距离，又称为安全净距、安全间距。安全距离应保证在各种可能的最大工作电压或过电压的作用下不发生闪络放电，还应保证工作人员对电气设备巡视、操作、维护和检修时的绝对安全。安全距离既用于防止人体触及或过分接近带电体而发生触电，也用于防止车辆等物体碰撞或过分接近带电体以及带电体之间发生放电和短路而引起火灾和电气事故。

安全距离分为线路安全距离、变配电设备安全距离和检修安全距离。线路安全距离是指导线与地面（水面）、杆塔构件、跨越物（包括电力线路）和电线路之间的最小允许距离。变配电设备安全距离是指带电体与其他带电体、接地体、各种遮栏等设施之间的最小允许距离。检修安全距离是指工作人员进行设备维护检修时与设备带电部分间的最小允许距离。按照 GB 26860—2011《电力安全工作规程　发电厂和变电站电气部分》安全距离可分为设备不停电时的安全距离、工作人员工作中正常活动范围与带电设备的安全距离、带电作业时人体与带电体间的安全距离。

(二) 接触电压

当电气设备发生单相绝缘损坏时，人手接触电气设备处与站立点间的电位差称为接触电压。为防止发生人身触电事故，电气设备或架构的外壳一般都与接地装置连接，实现保护接地。根据国际电工委员会分析，在正常环境及潮湿环境下，人体接触电压的安全最低电压值分别为 50、25V，因此根据不同环境，安全电压可以选用 6、12、24、36、42V。另外，采用剩余电流动作保护器也是有效防止接触电压危害的有效措施之一。

(三) 感应电压

运行中的电气设备和电气装置，由于电磁感应和静电感应的作用，在附近的停电设备上产生的电压称为感应电压。当人体触及时，由于感应电压大小的不同也会对人体造成一定的伤害，甚至造成触电死亡。主要防护措施包括：

（1）对于因平行或邻近带电设备导致检修设备可能产生感应电压时，应加装工作接地线或使用个人保安线，必要时停运邻近带电设备。

（2）在有感应电压的线路上测量绝缘时，应该将相关线路同时停电，方可进行。

（3）使用绞车等牵引工具应接地，放落和架设过程中的导线亦应接地，以防止产生感应电。

（4）在 330kV 及以上电压等级的线路杆塔上及升压站构架上作业，应采取戴相应电压等级的全套屏蔽服（包括帽、上衣、裤子、手套、鞋等）或静电感应防护服和导电鞋等（在 220kV 线路杆塔上作业时宜穿导电鞋）。

(四) 防雷

（1）电力系统中最基本的防雷保护装置包括避雷针、避雷线（架空地线）、避雷器和防雷接地等。

（2）避雷针和避雷线主要用于输电线路、发电厂和变电所的直击雷保护。

（3）避雷器可以用于沿输电线侵入变电所的雷电侵入波保护。

（4）接地装置的作用是减少避雷针、避雷线、避雷器与大地之间的电阻值，以达到降低雷电过电压幅值的目的。

（5）光伏发电站每年应在雷雨季节前，由专业检测机构对防雷保护装置和主要电气设备的接地进行检测。

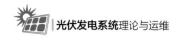

（五）安全工器具

（1）电气安全用具是电气工作人员进行电气操作或检修时为防止发生触电、电弧灼伤、高处坠落等事故而使用的工具，分为绝缘安全用具和一般防护安全用具两大类。

（2）电气安全用具不仅有助于完成工作任务，而且对保护人身安全起着重要作用。为保证工具的使用安全，对各种电气安全用具必须加强日常的保养维护，防止受潮、损坏和脏污，使用前应进行外观检查，表面应无裂纹、划痕、毛刺、孔洞、断裂等外伤。电气安全用具不许当作其他用具使用。各种电力安全用具应按照 DL/T 1476—2023《电力安全工器具预防性试验规程》定期进行检查和电气试验。

（3）绝缘安全用具指有一定绝缘强度，用以保证电气工作人员与带电体绝缘的工具。它又分为基本安全用具和辅助安全用具。其中，基本安全用具的绝缘强度应能长期耐受电气设备工作电压，可直接接触带电体，如绝缘棒、绝缘夹钳、验电器等。辅助安全用具的绝缘强度不能承受工作电压，只能用来加强基本安全用具防护作用，不能直接接触带电体，如绝缘手套、橡胶绝缘靴、绝缘垫、绝缘站台、绝缘毯等。

（4）一般防护安全用具指本身没有绝缘强度，只用于保护工作人员避免发生人身事故的工具。这类电气安全用具主要用来防止停电检修设备的突然来电、工作人员走错间隔、误登带电设备以及电弧灼伤、高处坠落。属于这一类的工具有携带型接地线、临时遮栏、标示牌、警告牌、防护目镜、安全帽和安全带等。此外，升高用的竹（木）梯、脚扣、升板和一些起重工具也称为一般防护安全用具。

二、安全警示标志

应设置的安全警示标志见表 3-2。

表 3-2   标志式样

名称	悬挂处	式样	
		颜色	字样
禁止合闸，有人工作！	一经合闸即可送电到施工设备的隔离开关操作把手上	白底，红色圆形斜杠，黑色禁止标志符号	黑字
禁止合闸，线路有人工作！	线路隔离开关操作把手上	白底，红色圆形斜杠，黑色禁止标志符号	黑字
在此工作！	工作地点或检修设备上	衬底为绿色，中有直径200mm 和 65mm 白圆圈	黑字，写于白圆圈中
止步，高压危险！	施工地点临近带电设备的遮栏上；室外工作地点的围栏上；禁止通行的过道上；高压试验地点；室外构架上；工作地点临近带电设备的横梁上	白底，黑色正三角形及标志符号，衬底为黄色	黑字

续表

名称	悬挂处	式样	
		颜色	字样
从此上下!	工作人员可以上下的铁架、爬梯上	衬底为绿色,中有直径200mm白圆圈	黑字,写于白圆圈中
从此进出!	室外工作地点围栏的出入口处	衬底为绿色,中有直径200mm白圆圈	黑体黑字,写于白圆圈中
禁止攀登,高压危险!	高压配电装置构架的爬梯上,变压器、电抗器等设备的爬梯上	白底,红色圆形斜杠,黑色禁止标志符号	黑字
雷雨天气,禁止靠近!	光伏阵列的入口处;避雷针本体	白底,红色圆形斜杠,黑色禁止标志符号	黑字
当心碰头	光伏支架临近处醒目位置;其他人员进出易碰头处	白底,黑色正三角形及标志符号,衬底为黄色	黑字
当心中暑	光伏区入口处、逆变器室入口处的醒目位置	白底,黑色正三角形及标志符号,衬底为黄色	黑字
当心触电	光伏阵列(区)围栏上的醒目位置	白底,黑色正三角形及标志符号,衬底为黄色	黑字
禁止翻越	工作人员可以上下的铁架、爬梯上	白底,红色圆形斜杠,黑色禁止标志符号	黑字,写于白圆圈中
禁止踩踏和落物	光伏阵列的入口处	白底,红色圆形斜杠,黑色禁止标志符号	黑字,写于白圆圈中
未经许可不得入内	光伏区域的入口处,逆变器入口处,升压站入口处	白底,红色圆形斜杠,黑色禁止标志符号	黑字

注 1. 在计算机显示屏上一经合闸即可送电到工作地点的隔离开关的操作把手处所设置的"禁止合闸,有人工作!"、"禁止合闸,线路有人工作!"的标志可参照表中有关标志的式样。
  2. 标示牌的颜色和字样参照 GB 2894—2008《安全标志及使用导则》。
  3. 多个标示牌在一起设置时,应按照警告(红色)、禁止(黄色)、指令(蓝)、提示类(绿)的顺序,先左后右、先上后下地排列。

第四节 劳动安全和卫生

《中华人民共和国劳动法》中明确劳动安全卫生设施必须符合国家规定的标准。新建、改建、扩建工程的劳动安全卫生设施必须与主体工程同时设计、同时施工、同时投入生产和使用的规定。

一、 防火和防爆

（1）进入控制室、电缆夹层、控制柜、开关柜等处的电缆孔洞，应用防火材料严密封闭。

（2）在重点防火部位、存放易燃易爆场所附近、存有易燃物品的容器上，以及禁止明火区动火作业或使用电、气焊时，应严格执行动火工作的有关规定，按有关规定填用动火工作票，并备有必要、充足的消防器材。

（3）光伏发电站安全疏散设施应有充足的照明和明显的疏散指示标志。

（4）电缆隧道、电缆井内应有防火、防水措施。

（5）蓄电池室、危废库房等有爆炸危险的应采取相应的防爆保护施，如强制通风、电气采用防爆设计。

（6）在光伏发电站中控室应配备不少于两套的正压式呼吸器。

二、 防电气伤害

（1）电气设备的布置应满足带电设备的安全防护距离要求。

（2）光伏发电站安装避雷针等防直接雷击措施，所有可能发生电气伤害的电气设备均可靠接地。

（3）采取防止误操作措施。

（4）采取围栏隔离防护措施。电气设备的防护围栏应符合下列规定：栅状围栏的高度不应小于1.2m，最低栏杆离地面净距离不应大于0.2m；网状围栏的高度不应小于1.7m，网孔不应大于40mm×40mm；所有围栏的门均应装锁，并有安全标志。

（5）作业人员不得单独移开或越过遮栏进行工作；在无遮栏防护时，应有监护人在场，并保持设备不停电时的安全距离。

三、 防机械伤害和防坠落伤害

（1）生产生活场所的机械设备应采取防机械伤害措施，所有外露部分的机械转动部件应设防护罩，机械设备应设必要的闭锁装置。

（2）凡在坠落高度基准面2m及以上的高处进行的作业，都应视作高处作业。

（3）凡参加高处作业的人员，应每年进行一次体检，并取得登高证。

（4）需登高检查和维修设备处，先搭设脚手架、使用高处作业车、升降平台或采取佩戴安全带等其他防止坠落措施，方可进行。

（5）在屋顶以及其他危险的边沿进行工作，临空一面应装设安全网或防护栏杆，否则作业人员应使用安全带。

（6）高处作业人员在作业过程中，应随时检查安全带是否拴牢。高处作业人员在转移作业位置时不得失去安全保护。

（7）高处作业使用的脚手架应经验收合格后方可使用，安全带和专作固定安全带的绳索在使用前应进行外观检查，不合格的不准使用。

（8）高处作业时应一律使用工具袋，工具及材料应用绳索拴牢传递。较大的工具应用绳拴在牢固的构件上，工件、边角余料应放置在牢靠的地方或用铁丝扣牢并有防止坠落的措施，不准随便乱放，以防止从高处坠落发生事故。

（9）在进行高处作业时，除有关人员外，不准他人在工作地点的下面通行或逗留，工作地点下面应有围栏或装设其他保护装置，防止落物伤人。在格栅式的平台上工作时，为了防止工具和器材掉落，应采取有效隔离措施，如铺设木板等。

（10）高处作业区周围的孔洞、沟道等应设盖板、安全网或围栏并有固定其位置的措施。同时，应设置安全标志，夜间还应设红灯示警。

（11）梯子应坚固完整，有防滑措施。梯子的支柱应能承受作业人员及所携带的工具、材料攀登时的总重量。

（12）硬质梯子的横档应嵌在支柱上，梯阶的距离不应大于 40cm，并在距梯顶 1m 处设限高标志。使用单梯工作时，梯与地面的斜角度约为 60°。梯子不宜绑接使用。人字梯应有限制开度的措施。人在梯子上时，禁止移动梯子。

四、防毒及防化学伤害

（1）对储存和产生有害气体或腐蚀性介质的场所，必须有相应的防毒及防化学伤害的安全防护设施，并应符合现行的有关国家、行业标准、规范的规定。

（2）SF_6 高压开关室及 SF_6 高压开关检修室应设置机械排风设施，SF_6 高压开关室应安装 SF_6 泄漏报警装置。

（3）在光伏发电站中控室应配备不少于两套的防毒面具。

（4）进入电缆井、电缆隧道前，应用通风机排除浊气，再用气体检测仪检查井内或隧道内的易燃易爆及有毒气体的含量。

五、防噪声及振动

（1）应对主变压器、冷却风扇、电抗器和屋外配电装置等电气设备定期维护检修，降低设备运行异常可能产生的电磁噪声。

（2）对生产过程和设备运行生产的噪声，应首先从声源上进行控制并采取隔声、消声、吸声、隔振等控制措施。

（3）防止振动危害，应首先从振动源上进行控制并采取隔振措施。

六、防电磁辐射

（1）距离保护是常见的电磁辐射防护手段之一。

（2）合理接地有利于减少电磁辐射。

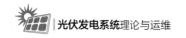

第五节　消　防　安　全

一、发电厂和变电站消防一般规定

（1）按照国家工程建设消防标准需要进行消防设计的新建、扩建、改建（含室内外装修、建筑保温、用途变更）工程，建设单位应当依法申请建设工程消防设计审核、消防验收，依法办理消防设计和竣工验收消防备案手续并接受抽查。

（2）建设工程或项目的建设、设计、施工、工程监理等单位应当遵守消防法规、建设工程质量管理法规和国家消防技术标准，应对建设工程消防设计、施工质量和安全负责。

（3）建（构）筑物的火灾危险性分类、耐火等级、安全出口、防火分区和建（构）筑物之间的防火间距，应符合现行国家标准的有关规定。

（4）有爆炸和火灾危险场所的电力设计，应符合 GB 50058—2014《爆炸危险环境电力装置设计规范》的有关规定。

（5）电力设备，包括电缆的设计、选型必须符合有关设计标准要求。建设、设计、施工、工程监理等单位对电力设备的设计、选型及施工质量的有关部分负责。

（6）疏散通道、安全出口应保持畅通，并设置符合规定的消防安全疏散指示标志和应急照明设施。保持防火门、防火卷帘、消防安全疏散指示标志、应急照明、机械排烟送风、火灾事故广播等设施处于正常状态。

（7）消防设施周围不得堆放其他物件。消防用砂应保持足量和干燥。灭火器箱、消防砂箱、消防桶和消防铲、斧把上应涂红色。

（8）建筑构件、材料和室内装修、装饰材料的防火性能必须符合有关标准要求。

（9）寒冷地区容易冻结和可能出现沉降地区的消防水系统等设施应有防冻和防沉降措施。

（10）防火重点部位禁止吸烟，并应有明显标志。

（11）检修等工作间断或结束时应检查和清理现场，消除火灾隐患。

（12）生产现场需使用电炉必须经消防管理部门批准，且只能使用封闭式电炉，并加强管理。

（13）排水沟、电缆沟、管沟等沟坑内不应有积油。

（14）生产现场禁止存放易燃易爆物品。生产现场禁止存放超过规定数量的油类。运行中所需的小量润滑油和日常使用的油壶、油枪等，必须存放在指定地点的储藏室内。

（15）不宜用汽油洗刷机件和设备。不宜用汽油、煤油洗手。

（16）各类废油应倒入指定的容器内，并定期回收处理，严禁随意倾倒。

（17）生产现场应备有带盖的铁箱，以便放置擦拭材料，并定期清除。严禁乱扔擦拭材料。

（18）临时建筑应符合国家有关法规。临时建筑不得占用防火间距。

（19）在高温设备及管道附近宜搭建金属脚手架。

（20）生产场所的电话机近旁和灭火器箱、消防栓箱应印有火警电话号码。

（21）电缆隧道内应设置指向最近安全出口处的导向箭头，主隧道、各分支拐弯处醒目位置装设整个电缆隧道平面示意图，并在示意图上标注所处位置及各出入口位置。

（22）关于发电厂、变电站或开关站还应符合的要求，可参见 DL 5027—2015《电力设备典型消防规程》相关内容。

二、 发电厂和变电站灭火规则

（1）发生火灾，必须立即扑救并报警，同时快速报告单位有关领导。单位应立即实施灭火和应急疏散预案，及时疏散人员，迅速扑救火灾。设有火灾自动报警、固定灭火系统时，应立即启动报警和灭火。

（2）火灾报警应报告下列内容：

1）火灾地点。

2）火势情况。

3）燃烧物和大约数量、范围。

4）报警人姓名及电话号码。

5）公安消防部门需要了解的其他情况。

6）消防队未到达火灾现场前，临时灭火指挥人可由下列人员担任：运行设备火灾时由当值值（班）长或调度担任，其他设备火灾时由现场负责人担任。

7）消防队到达火场时，临时灭火指挥人应立即与消防队负责人取得联系并交代失火设备现状和运行设备状况，然后协助消防队灭火。

8）电气设备发生火灾时，应立即切断有关设备电源，然后进行灭火。对可能带电的电气设备以及发电机、电动机等，应使用干粉、二氧化碳、六氟丙烷等灭火器灭火；对油断路器、变压器，在切断电源后可使用干粉、六氟丙烷等灭火器灭火，不能扑灭时再用泡沫灭火器灭火，不得已时可用干砂灭火；地面上的绝缘油着火，应用干砂灭火。

9）参加灭火人员在灭火的过程中应避免发生次生灾害。

10）灭火人员在空气流通不畅或可能产生有毒气体的场所灭火时，应使用正压式消防空气呼吸器。

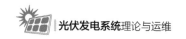

三、 发电厂和变电站消防设施要求

（1）建（构）筑物、电力设备或场所应国家、行业有关标准、规定，以及根据实际需要，配置必要的、符合要求的消防设施、消防器材及正压式消防空气呼吸器，并做好日常管理，确保完好有效。

（2）消防设施应处于正常工作状态。不得损坏、挪用或者擅自拆除、停用消防设施、器材。消防设施出现故障，应及时通知单位有关部门，尽快组织修复。因工作需要临时停用消防设施或移动消防器材的，应采取临时措施和事先报告单位消防管理部门，并得到本单位消防安全责任人的批准，工作完毕后应及时恢复。

（3）消防设施在管理上应等同于主设备，包括维护、保养、检修、更新，落实相关所需资金等。

（4）新建、扩建和改建工程或项目，需要设置消防设施的，消防设施与主体设备或项目应同时设计、同时施工、同时投入生产或使用，并通过消防验收。

（5）消防设施、器材应选用符合国家标准或行业标准并经强制性产品认证合格的产品。使用尚未制定国家标准、行业标准的消防产品，应当选用经技术鉴定合格的消防产品。

（6）建筑消防设施的值班、巡查、检测、维修、保养、建档等工作，应符合 GB 25201—2010《建筑消防设施的维护管理》的有关规定。定期检测、保养和维修，应委托有消防设备专业检测及维护资质的单位进行，其应出具有关记录和报告。

（7）灭火器设置应符合 GB 50140—2005《建筑灭火器配置设计规范》及灭火器制造厂的规定和要求。环境条件不能满足时，应采取相应的防冻、防潮、防腐蚀、防高温等保护措施。

（8）火灾自动报警系统应接入本单位或上级 24h 有人值守的消防监控场所，并有声光警示功能。其他应符合要求，可参见 DL 5027—2015《电力设备典型消防规程》相应内容。

（9）配电装置室内探测器类型的选择、布置及敷设应符合国家有关标准的要求，探测器的安装部位应便于运行维护。

（10）配电装置室内装有自动灭火系统时，配电装置室应装设 2 个以上独立的探测器。火灾报警探测器宜多类型组合使用。同一配电装置室内 2 个以上探测器同时报警时，可以联动该配电装置室内自动灭火设备。

（11）灭火剂的选用，应根据灭火的有效性及对设备、人身和对环境的影响等因素确定。

四、 电气消防一般要求

光伏发电站电气消防要求主要包括油浸式变压器、油浸电抗器（电容器）、消弧线圈和互感器、电缆、蓄电池室、其他电气设备的相关消防规定和要求。可参见 DL 5027—2015《电力设备典型消防规程》"10 发电厂和变电站电气消防"有关内容。

五、 光伏发电站消防一般要求

（1）大、中型光伏发电站宜布置环形消防通道。

（2）大型或无人值守光伏发电站应设置火灾自动报警系统。

（3）逆变器室宜配备灭火装置。

（4）草原光伏发电站严禁吸烟、严禁明火。在出入口、周界围墙或围栏上设立醒目的防火安全标示牌和禁止烟火的警示牌。

（5）集中敷设于沟道、槽盒中的电缆宜选用阻燃电缆。

（6）太阳电池组件表面应清洁，无杂物或遮挡。

六、 光伏发电站消防设施配置要求

（1）独立建设的并网型太阳能光伏电站应设置独立或合用消防给水系统和消火栓。消防水源应有可靠保证，供水水量和水压应满足最大一次消防灭火用水（室外和室内用水量之和）。小型光伏电站内的建筑物耐火等级不低于二级，体积不超 3000m³，且火灾危险性为戊类时，可不设消防给水。

（2）设有消防给水的光伏电站的变电站应设置带消防水泵、稳压设施和消防水池的临时（稳）高压给水系统，消防水泵应设置备用泵，备用泵流量和扬程不应小于最大一台消防泵的流量和扬程。

（3）设有消防给水的普通光伏电站综合控制楼应设置室内外消火栓和移动式灭火器，控制室、电子设备室、配电室、电缆夹层及竖井等处应设置感烟或感温型火灾探测报警装置。光伏电池组件场地和逆变器室一般不设置消火栓及消防给水系统，仅逆变器室需设置移动式灭火器。其他建筑物不设室内消火栓的条件同变电站。

（4）采用集热塔技术的太阳能集热发电站类似于小型火力发电厂，比照汽轮发电机组容量，设置消火栓、火灾自动报警系统和固定灭火系统。

七、 消防器材

（一）火灾类别及危险等级

（1）灭火器配置场所的火灾种类应根据该场所内的物质及其燃烧特性进行分类，划分为下列类型：

1）A 类火灾：固体物质火灾。

2）B 类火灾：液体火灾或可熔化固体物质火灾。

3）C 类火灾：气体火灾。

4）D 类火灾：金属火灾。

5）E类火灾：物体带电燃烧的火灾。

（2）工业场所的灭火器配置危险等级，应根据其生产、使用、储存物品的火灾危险性，可燃物数量，火灾蔓延速度，扑救难易程度等因素，划分为三级：严重危险级、中危险级和轻危险级。

（3）建（构）筑物、设备火灾类别及危险等级可按 DL 5027—2015《电力设备典型消防规程》附录 E 的规定采用。

（二）灭火器

（1）灭火器的选择应考虑配置场所的火灾种类和危险等级、灭火器的灭火效能和通用性、灭火剂对保护物品的污损程度、设置点的环境条件等因素。有场地条件的严重危险级场所，宜设推车式灭火器。

（2）手提式和推车式灭火器的定义、分类、技术要求、性能要求、试验方法、检验规则及标志等要求应符合 GB 4351—2023《手提式灭火器》和 GB 8109—2023《推车式灭火器》的有关规定。

（3）在同一灭火器配置场所，宜选用相同类型和操作方法的灭火器；当选用两种或两种以上类型灭火器时，应采用灭火剂相容的灭火器。当同一场所存在不同种类火灾时，应选用通用型灭火器。

（4）灭火器箱不得上锁，灭火器箱前部应标注"灭火器箱"、火警电话、厂内火警电话、编号等字样和信息，箱体正面和灭火器设置点附近的墙面上应设置指示灭火器位置的固定标示牌，并宜选用发光标志。

（5）其他关于灭火器的选用、设置、检查要点等，可参见 DL 5027—2015《电力设备典型消防规程》及 GB 50140—2005《建筑灭火器配置设计规范》等国家标准相应内容。

（三）消防器材配置

（1）各类发电厂和变电站的建（构）筑物、设备应按照其火灾类别及危险等级配置移动式灭火器。

（2）各类发电厂和变电站的灭火器配置规格和数量应按 GB 50140—2005《建筑灭火器配置设计规范》计算确定，实际配置灭火器的规格和数量不得小于计算值。

（3）一个计算单元内配置的灭火器不得少于 2 具，每个设置点的灭火器不宜多于 5 具。

（4）其他关于灭火器充装、消防砂箱设置、室外消火栓、室内消火栓箱等配置及要求，可参见 DL 5027—2015《电力设备典型消防规程》相应内容。

（四）正压式消防空气呼吸器

（1）设置固定式气体灭火系统的发电厂和变电站等场所应配置正压式消防空气呼吸

器，数量宜按每座有气体灭火系统的建筑物各设 2 套，可放置在气体保护区出入口外部、灭火剂储瓶间或同一建筑的有人值班控制室内。

（2）长距离电缆隧道、长距离地下燃料皮带通廊、地下变电站的主要出入口应至少配置 2 套正压式消防空气呼吸器和 4 只防毒面具。水电厂地下厂房、封闭厂房等场所，也应根据实际情况配置正压式消防空气呼吸器。

（3）正压式消防空气呼吸器应放置在专用设备柜内，柜体应为红色并固定设置标示牌。

八、 主要的重点防火区域

光伏发电站较为常见和典型的防火重点区域见表 3-3。

表 3-3　　　　　　　　　　光伏发电站常见和典型的防火重点区域

光伏场区区域	升压站、开关站、汇集站区域	输电线路区域	其他区域
电池组件	变压器	输电线路	仓库和化学品储存区
逆变器、汇流箱	断路器、隔离开关	线路走廊	
交直流电缆、电缆连接接头、电缆穿管、沟道、槽盒	站内直流系统、蓄电池组	地埋电缆、分支、中间接头及相应沟道	
区内及周边存在植被、人员活动密集位置	动力信号电缆、电缆隧道或电缆沟		

第六节　生态环境保护

一、 光伏发电站生态环保合规要求

按照法律法规要求，建设项目中防治污染的设施，应当与主体工程同时设计、同时施工、同时投产使用。防治污染的设施应当符合经批准的环境影响评价文件的要求，不得擅自拆除或者闲置。

（一）项目前期与设计阶段

（1）制订生态环保设计说明书，明确减少环境影响的措施和生态恢复方案。

（2）完成环保设施、设备的设计，确保满足处理工艺和排放标准。

（3）制订环境风险评估报告，提出防范和应对措施。

（4）制订资源利用计划，合理利用水、土地、能源等资源。

（5）制订生态修复计划，对受损生态系统进行修复或补偿。

（6）取得环境影响评价报告及批复，确保项目符合国家及地方环境保护法规要求。

（7）取得水土保持方案及批复，支付水土保持补偿费用，确保项目水土保持设施满足法规要求。

（8）取得节能评估报告和节能登录备案，符合国家节能减排政策。

（二）施工与验收阶段

（1）项目招投标过程中，应体现对环境保护、水土保持相关要求及投标响应。

（2）严格按设计图纸施工，确保环保设施质量。

（3）落实环境监理工作，对施工过程中的环境影响进行监控。

（4）定期进行环境监测，及时发现和解决施工期环境问题。

（5）执行水土保持措施，减少施工期水土流失。

（6）合理利用施工材料和水资源，减少资源消耗。

（7）对环保设施进行性能测试，确保达标排放。

（8）完成竣工环境保护验收，确保项目符合环保要求。

（9）完成水土保持设施验收，确保水土保持设施正常运行。

（三）运行与管理阶段

（1）建立和执行环保管理制度，明确各方环保责任和义务，确保生态环保责任与措施落实到位。

（2）对员工进行环保培训，提高环保意识和操作技能。

（3）编制突发环境事件应急预案并取得备案证明。

（4）统计分析电站包含损耗的电量情况，监测优化电站节能管理。

（5）持续进行环境监测、制订和落实生态调查方案，并总结成果。

（6）收集整理环境保护设施、水土保持设施使用说明书及校验证书等资料，建立运行台账、运行检修规程，对自用监测仪表维护与定期校验，并做好记录。

（7）开展废水委托处置或自行处理，签订有关委托协议或合同，做好运维和清运台账等。

（8）开展固体废物（含危险废物）处置，签订有关委托协议或合同，如有危险废物处置，还应制订和执行废物管理制度、危废管理计划，建立管理台账，做好申报登记记录、处置转运联单、危废应急预案、危废信息公开情况等管理。

二、 环保设施运行维护要求

（一）环保设施运行维护要点

建立健全环保设施运行维护管理制度，明确责任人和职责分工。制订详细的环保设施运行维护计划，确保各项维护工作有序进行。定期对环保设施进行巡检，发现隐患及时排除，确保设施正常运行。对关键设备进行定期检修，遵循设备制造商提供的维护手册，确保设备使用寿命和性能。保持环保设施周边环境整洁，防止杂物进入设施，影响设施运行效果。建立环保设施运行维护记录制度，及时记录设施运行情况和维护过程，为设施管理提供依据。

（二）环保设施运行维护成本控制

合理编制预算，明确环保设施运行维护资金来源和支出范围。加强对运行维护成本的监控，确保资金合理使用。通过采购优质设备、优化运行维护方案等手段，降低运行维护成本。定期对运行维护成本进行分析，寻找降低成本的途径，提高运行效益。

（三）人员培训与技术支持

加强对运行维护人员的培训，提高其业务水平和技能，确保设施运行维护工作的顺利开展。建立技术支持体系，及时解决环保设施运行中出现的问题。加强与设备制造商、行业专家的技术交流，不断提升运行维护水平。

（四）监测与评价

建立完善的环保设施监测体系，对设施运行效果进行实时监测。定期对环保设施运行效果进行评价，依据评价结果调整运行维护策略。结合环保政策、行业标准和实际需求，不断完善环保设施运行维护体系。

三、 光伏发电站的主要生态环保措施

（1）能源管理与节能降耗。实时监控光伏发电站的能源产出与消耗，确保高效运行。定期进行设备维护，降低能耗和排放。优化调度控制策略，提高能源利用效率。

（2）污染物排放控制。对光伏发电站运行过程中产生的废气、废水进行严格控制和处理，确保达标排放。建立污染物排放监测系统，实时监测排放数据。加强与地方环保部门合作，确保合规运营。

（3）生态保护与恢复。电站周围设置生态保护区域，防止破坏生态环境。对电站占用土地进行生态恢复，植树种草，提高植被覆盖率。建立与周边社区的合作关系，共同参与生态保护工作。

（4）公众沟通与教育。通过公开渠道发布电站环保信息，接受社会监督。开展环保教育活动，提高公众对光伏发电站环保工作的认识和理解。建立与周边居民的沟通机制，及时回应关切，解决相关问题。

第七节　防止电力生产事故的重点要求

按照《防止电力生产事故的二十五项重点要求（2023 版）》（国能发安全〔2023〕22号）规定，与光伏发电站有关的主要包括下列内容。

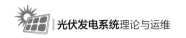

一、 防止人身伤亡事故的重点要求

包括防止高处坠落事故，防止触电事故，防止物体打击事故，防止机械伤害事故，防止灼烫伤害事故，防止起重伤害事故，防止坍塌伤害事故，防止中毒窒息事故，防止电力生产交通事故，防止电力生产淹溺事故。

二、 防止火灾事故的重点要求

包括加强防火组织与消防设施管理，防止发电厂电缆着火事故。

三、 防止电气误操作事故的重点要求

包括强制性防止电气误操作要求，防误闭锁装置与系统配置要求，计算机监控系统的防误闭锁要求、电气防误闭锁与机械防误闭锁配置要求，防误闭锁装置的"三同时"要求，防误解锁工具及解锁使用和管理要求，防误闭锁装置的运行和检修规程要求，配备安全工作器具和安全防护用具的要求。

四、 防止系统稳定破坏事故的重点要求

包括加强电源支撑能力，加强系统网架结构，加强系统稳定分析及管理，增强电力监控系统（二次系统）可靠性，防止系统无功电压稳定破坏，加强大面积停电恢复能力。

五、 防止机网协调及风电机组、 光伏逆变器大面积脱网事故的重点要求

包括机组并网调试要求，并网电厂保护整定配合要求，光伏发电站并网检测要求，光伏发电站的低电压穿越、高电压穿越、电能质量指标、一次调频、AGC/AVC、无功补偿、故障录波、授时、功率预测等要求，光伏发电站电缆与汇集线要求，光伏发电站保护配置与涉网保护配合要求。

六、 防止大型变压器和互感器损坏事故的重点要求

包括防止变压器出口短路事故，防止变压器绝缘事故，防止变压器保护事故，防止分接开关事故，防止变压器套管事故，防止冷却系统事故，防止变压器火灾事故，防止互感器事故。

七、 防止开关设备事故的重点要求

包括防止气体绝缘金属封闭开关设备（GIS，包括 HGIS）、SF_6 断路器事故，防止敞开式隔离开关、接地开关事故，防止高压开关柜事故。

八、 防止接地网和过电压事故的重点要求

包括防止接地网事故，防止雷电过电压事故，防止变压器过电压事故，防止谐振过电压事故，防止弧光接地过电压事故，防止无间隙金属氧化物避雷器事故，防止避雷针事故。

九、 防止架空输电线路事故的重点要求

包括防止倒塔（杆）事故，防止断线事故，防止绝缘子和金具断裂事故，防止风偏

闪络事故，防止覆冰、舞动事故，防止鸟害闪络事故，防止外力破坏事故，防止"三跨"事故。

十、 防止污闪事故的重点要求

包括输变电设备设计中的污区考虑，外绝缘配置校核，不同污区的绝缘子材质和伞形选用，特殊区域和特殊条件下的巡视与检测，防污闪的治理与处置。

十一、 防止电力电缆损坏事故的重点要求

包括防止电缆绝缘击穿事故，防止电缆火灾事故，防止外力破坏和设施被盗。

十二、 防止继电保护及安全自动装置事故的重点要求

包括规划设计阶段的重点要求，继电保护配置的重点要求，调试及检验的重点要求，运行管理阶段的重点要求，定值管理的重点要求，二次回路的重点要求，智能变电站继电保护的重点要求

十三、 防止电力自动化系统、 电力监控系统网络安全、 电力通信网及信息系统事故的重点要求

包括自动化系统硬件与供电配置、相量测量装置配置、自动化系统网络配置、系统调试与软件检测、具备可靠技术措施对控制指令进行安全校核、自动化系统有关制度建设管理等防止电力自动化系统事故要求，电力监控系统建设原则与分区管理、网络安全软硬件配置、通信传输管理、加密与隔离、安全防护方案与等级保护测评、制度建设管理、应急处置等防止电力监控系统网络安全事故要求，通信设备设计选型、电力通信网管理的运行检修及应急等防止电力通信网事故要求，信息系统设计、软硬件配置、运行管理等防止信息系统事故要求。

十四、 防止串联电容器补偿装置和并联电容器装置事故的重点要求

包括串联电容器补偿装置设计考虑、各部件选型、控制保护系统配置、设备操作等防止串联电容器补偿装置事故的要求，高压并联电容器设计与选型、交接验收、保护配置等防止高压并联电容器装置事故的要求。

十五、 防止发电厂、 变电站全停及重要电力用户停电事故的重点要求

包括厂用电运行方式和设备管理、厂用电切换管理、蓄电池和直流系统及柴油发电机组管理、不间断电源配置等防止发电厂全停事故的要求，变电站线路接入线配置、母线配置、一二次设备管理、防污闪管理、直流电源系统配置、站用电系统配置、运行检修管理等防止变电站和发电厂升压站全停事故的要求。

十六、 防止重大环境污染事故的重点要求

包括严格执行环境影响评价制度与环保"三同时"原则，加强废水处理，防止超标

排放。

本 章 小 结

　　本章主要介绍了光伏发电站在安全环保管理方面的关键措施和规程。光伏发电站需建立完善的安全生产环境保护管理制度，明确各级人员的责任，并落实防火责任制。站点应制定适合的运行和检修规程，并建立安全风险分级管控以及隐患排查治理的双重预防机制，以提升安全生产水平。电气设备的运行维护安全规定了详细的操作标准，如巡视维护的穿戴要求、雷雨天气的特殊操作规程以及电气设备的防寒、防汛措施。同时，站点需定期对关键设施进行检查和维护，确保设备运行安全。

　　隐患的排查治理包括隐患的分类、制度建设和隐患治理的督办制度。依据国家标准对电力安全隐患进行分级，对发现的重大隐患进行挂牌治理和督办，确保隐患及时得到有效处理。

　　此外，本章还强调了光伏发电站的消防安全、劳动安全和卫生、环境保护等方面的措施，以全面提升电站的安全管理和环境保护水平。

第四章　光伏发电站一次系统与储能技术

第一节　光伏发电站环境监测设备选择

一、系统概述

光伏系统设计之前，首先应该对项目所在的位置（经度、纬度）、海拔、太阳能资源、工程地质、土地面积及管辖归属等信息进行搜集。根据以上信息进行初步的系统设计，包括场站容量、容配比、基础类型、支架类型、设备选型、电网接入方案等，再进行初步的设备选型，并进行发电量和投资收益计算。

二、太阳能资源

（一）环境监测系统的要求

1. 一般规定

根据 GB 50797—2012《光伏发电站设计规范》的要求，大型光伏发电站需要装设太阳能辐射观测装置，用于分析电站运行状况，包括系统效率变化、组件衰减率等，并为光伏发电站发电功率预测提供太阳能资源分析实时记录数据。对大型光伏发电站，如果工程前期设置的现场观测站在厂址范围内，可优先利用，无需重复建设。

光伏发电站设计首先需要分析站址所在地区的太阳能资源概况，并对该地区太阳能资源的丰富程度进行初步评价，同时分析相关的地理条件和气候特征，为站址选择和技术方案初步确定提供参考依据。

当对光伏发电站进行太阳能总辐射量及其变化趋势等太阳能资源分析时，应选择站址所在地附近有太阳辐射长期观测记录的气象站作为参考气象站。参考气象站应具有连续 10 年以上的太阳辐射长期观测记录。若站址所在地附近没有长期观测记录太阳辐射的气象站，可选择站址所在地周边较远的多个（两个及以上）具有太阳辐射长期观测记录的气象站作为参考气象站。同时，借助公共气象数据库（包括卫星观测数据）或商业气象（辐射）软件包进行对比分析。还可收集站址所在地附近基本气象站的各年日照时数与参考气象站的日照时数进行对比分析。

目前在我国有太阳辐射长期观测记录的气象站只有近百个，实际覆盖面积较小，尤其是在我国西北地区，大多数情况下参考气象站距光伏发电站较远，很难获得站址所在地实际的太阳能辐射状况。对于中小型光伏发电站而言，由于其规模小，各种影响相对较小，可以借助公共气象数据库或其他手段进行粗略的分析推算。但大型光伏发电站，由于规模较大，辐射资源分析无论是对项目本身的投资收益还是对电力系统的影响都比较大。因此，在大型光伏发电项目建设前期，推荐先在站址所在地设立太阳辐射现场观测站，并进行至少一个完整年的现场观测记录。

2. 参考气象站基本条件和数据采集

在我国西北地区，由于具有连续 10 年以上太阳辐射长期观测记录的气象站较少，往往距站址最近的参考气象站也都比较远，故当有太阳辐射长期观测记录的气象站距站址较远时，可以选择站址周边两个及以上的气象站作为参考气象站。

参考气象站所在地与光伏发电站站址所在地的气候特征、地理特征应基本一致。参考气象站的辐射观测资料与光伏发电站站址现场太阳辐射观测装置的同期辐射观测资料应具有较好的相关性。

参考气象站采集的信息应包括下列内容：

（1）气象站长期观测记录所采用的标准、辐射仪器型号、安装位置、高程、周边环境状况，以及建站以来的站址迁移、辐射设备维护记录、周边环境变动等基本情况和时间。

（2）最近连续 10 年以上的逐年各月的总辐射量、直接辐射量、散射辐射量、日照时数的观测记录，且与站址现场观测站同期至少一个完整年的逐小时的观测记录。

（3）最近连续 10 年的逐年各月最大辐照度的平均值。

（4）近 30 年来的多年月平均气温、极端最高气温、极端最低气温、昼间最高气温、昼间最低气温。

（5）近 30 年来的多年平均风速、多年极大风速及发生时间、主导风向，多年最大冻土深度和积雪厚度，多年年平均降水量和蒸发量。

（6）近 30 年来的连续阴雨天数、雷暴日数、冰雹次数、沙尘暴次数、强风次数等灾害性天气情况。

3. 气象现场观测站基本要求

太阳辐射现场观测站的观测内容应包括总辐射、日照时数、环境温度、相对湿度、风速、风向等的实测数据。

各类数据的常用单位及测试目的见表 4-1。

表 4-1   太阳辐射现场观测数据及用途

参数		单位	测试目的
辐照度	组件表面总辐照度	W/m²	计算理论发电量
	水平面总辐照度	W/m²	分析太阳能资源，联系历史和卫星数据，与可研等资料进行对比分析
	地面反射率	%	在双面发电组件的场站中，用来分析背表面的太阳能资源
	组件背面辐照度	W/m²	
	散射辐照度	W/m²	在聚光光伏系统中使用
	垂直法线辐照度	W/m²	
环境因素	光伏组件温度	℃	计算理论发电量和温度损失
	环境温度	℃	联系历史数据，估计组件温度
	风速	m/s	估计组件温度
	风向		
	污染比例		计算污染损失
	降雨量		估计污染损失
	积雪		估计积雪损失
	湿度		估计光谱变化

大型光伏电站应设置光伏方阵阵列面的总辐射观测项目，总辐射观测仪的设置应与光伏阵列面的空间朝向一致；对倾角可调式和跟踪式光伏方阵，总辐射观测仪还应与光伏方阵保持同步运动。光伏阵列面上的总辐射是为了实时观测光伏组件在受光条件下的太阳总辐射量及变化，便于更好地分析光伏发电系统的运行特性和主要设备的工作状况。当大型光伏发电站中光伏方阵有固定式、倾角可调式、跟踪式等不同安装方式时，应分别设置对应的总辐射观测仪。

对于采用双面发电光伏组件的大型光伏发电站，可结合光伏方阵安装方案，设置光伏组件背面的总辐射观测项目。双面光伏组件背面接收的太阳辐照度受地表反射率、光伏阵列倾角、入射光的直散分布、太阳高度角、光伏阵列前后排间距及双面光伏组件安装位置（高度及东西方向）等因素影响，甚至同一块双面组件背面各处接收太阳辐照度也可能存在差异，因此难以选取单一具有代表性的双面组件背面总辐射观测项目的测量位置。正面与背面分别接收的太阳光存在光谱差异，除夏季太阳从东北面升起后、西北面落下前的一小段时间内，绝大多数工作时间内，双面光伏组件背面接收到太阳辐照度远低于其正面接收值，而晶体硅光伏组件在低太阳辐照度下最大功率具有快速下降的特点。

设置光伏组件背面的总辐射观测项目的目的在于为双面组件的发电机理研究、量化

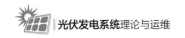

建模提供实测数据积累。

4. 太阳辐射观测数据验证与资源分析

实测数据记录时，由于设备故障、断电等原因，有时会出现数据缺失或记录偏差，因此需进行实测数据完整性检验。观测数据应符合下列要求：

（1）观测数据的实时观测时间顺序应与预期的时间顺序相同。

（2）按某时间顺序实时记录的观测数据量应与预期记录的数据量相等。

（3）实测数据有效完整率应在 90% 以上。

实测数据记录时，由于一些特殊原因，有时会产生不合理的无效数据，因此需进行实测数据合理性检验。总辐射最大辐照度一般应小于太阳常数（$1367W/m^2 \pm 7W/m^2$），由于云层的作用，观测到得瞬间最大辐照度也可能超过太阳常数，但若大于 $2kW/m^2$ 则可判定该数据无效。

太阳辐射观测数据经完整性和合理性检验后，其中不合理和缺失的数据应进行修正，并补充完整。其他可供参考的同期记录数据经过分析处理后，可填补无效或缺失的数据，形成完整的长序列观测数据。

$$有效数据完整率 = \frac{应测数目 - 缺失数目 - 无效数目}{应测数目} \times 100\%$$

若数据完整率较小，且无其他有效数据补缺，则该组数据可视为无效。缺失数据的填补也可借助其他相关数据，采用插补订正法、线性回归法、相关比值法等进行处理。

在光伏发电站设计时，太阳能资源典型年的月总辐射量是预测光伏发电站在运营期内发电量、确定固定式光伏方阵的最佳倾角和倾角可调式光伏方阵的调节范围及调节策略的依据。光伏发电站太阳能资源分析宜包括下列内容：

（1）长时间序列的年总辐射量变化和各月总辐射量年际变化。

（2）10 年以上的年总辐射量平均值和月总辐射量平均值。

（3）太阳能资源典型年的年总辐射量和月总辐射量。

（4）最近三年内连续 12 个月各月辐射量日变化及各月典型日辐射量小时变化。

通常参考气象站记录的太阳辐射观测数据是水平布置日照辐射表接收到的数据，以此预测的电站设计使用年限内的平均年总辐射量也是水平日照辐射表的数据。当光伏方阵采用不同布置方式时，需进行折算，但这种计算比较复杂，通常可采用软件计算。目前，国际上比较流行的计算软件是 RetScreen、PVsyst、Meteonorm 等。

（二）采样设备的要求

1. 辐照度采样

现场采样的辐照度主要有水平面辐照度和光伏组件表面辐照度，使用辐照度测试仪进行检测。辐照仪分为热电堆辐照仪和标准电池辐照仪两种。两种辐照仪各有其适用的情况，其优劣对比见表 4-2。

表 4-2　　　　　　　　　　　　辐照仪的优劣对比

辐照仪	优势	劣势	适用性
热电堆辐照仪	入射角度影响小	光谱匹配性差	适用于测量水平总辐照度
	测量结果利于与历史气象数据对比	变化响应慢	
标准电池辐照仪	光谱匹配性好	入射角度影响大	适用于测量阵列平面辐照度
	变化响应快	测量结果不利于与历史气象数据对比	

现场测量辐照度时，要求辐照仪至少要具有 $160°$ 的视野。固定支架系统辐照仪要与光伏组件在同一水平面；跟踪系统辐照仪应持续与组件在同一平面内。

如果凝露或霜冻影响水平总辐照度小时数在 2% 以上的地点，应采取手段减轻露珠和霜冻积累对辐照仪的影响。这些措施应该不影响仪器测量的准确性。

2. 温度采样

现场采样温度主要包括环境温度和光伏组件温度。光伏组件温度是通过贴在光伏组件背面的传感器测量的。对于双面发电组件，背面温度传感器和数据线遮挡电池面积应小于 10%，并且尽量在电池之间布线。温度传感器的测量分辨率≤0.1℃，不确定度≤±1℃。

温度传感器与组件背面之间的胶粘剂要适用于长期的户外环境，并具有良好的导热性能，如可以使用导热胶涂抹不超过 1mm 厚，导热系数大于 $0.5W/(m \cdot K)$ 来实现。如果使用胶带粘贴温度传感器，应使用耐高温、耐腐蚀、耐紫外线的聚酯胶带，粘贴牢固，尽量减少传感器与背板之间的空气层。

为了测量温度的准确性，温度传感器与组件背板之间应采用面接触（见图 4-1），可使光伏电池与传感器之间的热阻更小。圆柱和圆球形状的温度传感器可以用来测量环境温度。

图 4-1　温度传感器及与组件接触方式

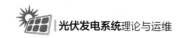

传感器应安装在组件中间电池的中间位置，如图 4-2 所示。对于双面发电组件，传感器及引线覆盖的面积不超过电池面积的 10%。传感器与背板之间应该使用导热硅胶黏接，外部再覆盖隔热胶带。导热硅胶应尽量薄涂，并完全覆盖传感器表面，无气泡。传感器引线应该固定在背板上，如果是双面发电组件，引线应尽量走在电池间隙处，固定胶带面积尽可能小。

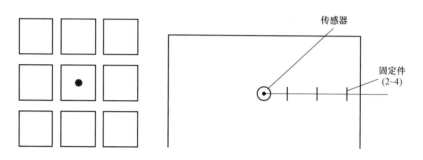

图 4-2　温度传感器安装方式

根据光伏组件结构与材料的不同，光伏电池 PN 结的温度比组件背面温度高 1～3℃，可以根据光照强度和组件材料的热导率估算这个温差。温度传感器不能引起电池片温度与正常电池不一致，可以使用热成像仪对被测电池和其他电池进行温度对比。如果使用独立的组件进行温度测量，必须使独立的组件处于最大功率点的运行状态。另外依据 IEC 60904-5《光伏器件　第 5 部分：用开路电压法测定光伏（PV）器件的等效电池温度（ECT)》，可以根据光伏组件的开路电压和温度系数反推温度。

环境温度传感器应安装在不受热干扰的地方，比如距离组件 1m 以上，不要安装在逆变器、箱式变压器等发热设备的散热出风口、厂房排风口附近等。

第二节　光伏区设备选型

一、 光伏电池组件的选择

光伏电池组件的选择应综合考虑目前已商业化的各种光伏电池组件的产业形势、技术成熟度、运行可靠性、未来技术发展趋势等，并结合电站周围的自然环境、施工条件、交通运输的状况，经技术经济综合比较选用适合集中式大型并网光伏发电站使用的光伏电池组件类型。

目前市场生产和使用的光伏电池大多数是由晶硅体材料制造，随着晶硅体光伏电池生产能力和建设投资力度的不断增长，一些大型新建、扩建的项目也陆续启动。结合目前国内光伏电池组件市场的产业现状和产能情况，一般情况下选取目前市场上主流光伏电池组件（即晶体硅电池组件和非晶硅薄膜电池组件）进行性能技术比较。

（一）晶体硅光伏电池组件

单晶硅光伏电池组件是发展最早，且工艺技术也最为成熟的光伏电池组件，也是大规模生产的硅基光伏电池组件中效率最高的电池组件，目前规模化生产的商用电池组件效率可以达到 24%，曾经长期占领最大的市场份额；规模化生产的商用多晶硅电池组件的转换效率目前在 22%左右，略低于单晶硅电池组件的水平。与单晶硅电池组件相比，多晶硅电池组件虽然效率有所降低，但是生产成本也较单晶硅光伏电池组件低，具有节约能源、节省硅原料的特点，易达到工艺成本和效率的平衡。

晶体硅类光伏电池组件在 21 世纪的前 30 年内仍将是居主导地位的光伏器件，并将不断向效率更高、成本更低的方向发展。

（二）非晶硅薄膜电池组件

薄膜类光伏电池组件由沉积在玻璃、不锈钢、塑料、陶瓷衬底或薄膜上的几微米或几十微米厚的半导体膜构成。由于其半导体层很薄，可显著节省电池组件材料，降低生产成本，是最有前景的新型光伏电池组件，已成为当今世界光伏技术研究开发的重点项目、热点课题。

在薄膜类电池组件中非晶硅薄膜电池组件所占市场份额最大。其主要具有如下特点：

（1）材料用量少，制造工艺简单，可连续大面积自动化批量生产，制造成本低。

（2）制造过程消耗电力少，能量偿还时间短。

（3）基板种类可选择。

（4）温度系数低。

薄膜类光伏电池组件中碲化镉、铜铟镓硒电池则由于原材料含剧毒或原材料的稀缺性，使其规模化生产受到限制，目前仍在进一步研究中。

紧紧围绕提高光电转换效率和降低生产成本两大目标，世界各国均在进行各种新型光伏电池组件的研究开发工作。目前，晶体硅高效光伏电池组件和各类薄膜光伏电池组件是全球新型光伏电池组件研究开发的两大热点和重点。

晶硅类电池组件中单晶硅电池组件和多晶硅电池组件最大的差别是单晶硅电池组件的光电转化效率略高于多晶硅电池组件，也就是相同功率的电池组件，单晶硅电池组件的面积小于多晶硅电池组件的面积。两种电池组件的电性能、寿命等重要指标相差不大，若仅考虑技术性能，在工程实际应用过程中，无论单晶硅还是多晶硅电池都可以选用。晶硅类光伏电池组件由于产量充足、制造技术成熟、产品性能稳定、使用寿命长、光电转化效率相对较高的特点，被广泛应用于大型并网光伏发电站项目。

非晶硅薄膜光伏电池组件虽然存在效率相对较低、占地面积较大、稳定性不佳等缺点，但随着技术和市场的发展，因其制造工艺相对简单、成本低、不需要高温过程、在弱光条件下性能好于晶硅类电池组件等突出的优点，非晶硅薄膜电池组件也占据了一定的市场份额。

对市场上所占份额最大的两类电池（晶硅电池和非晶硅薄膜电池）的技术经济进行综合比较后，考虑到晶硅电池成熟度较高，效率稳定，国内外均有较大规模应用的实例，晶硅电池市场占有率最大。目前市场单晶硅电池价格相对又有所下降，趋于合理，且市场产能较大。因此目前大多数工程推荐全部选用单晶硅电池组件。

目前主流厂商生产的单晶硅光伏组件应用于大型并网光伏发电系统的规格大多数在370～550W之间。当单块组件功率较高时，同样装机规模的光伏发电站所使用的组件数量较少，从而使得组件间连接点少，施工进度快；且故障概率减小，接触电阻小，线缆用量少，系统整体损耗也会降低。

在选择光伏组件时有五种电性能参数需要关注：峰值功率、开路电压、短路电流、工作电压、工作电流。除光伏组件的电性能参数以外，还应关注光伏组件的温度系数、最大系统电压、最大反向过载电流等参数。这些参数要与连接的汇流箱与逆变器参数相配合。

二、 汇流箱的选择

大型光伏发电站中，汇流箱分为直流汇流箱与交流汇流箱两大类。集中式逆变器配合直流汇流箱，功率较小（一般小于70kW）的组串式逆变器配合交流汇流箱使用。功率较大（一般大于150kW）的组串式逆变器一般不使用汇流箱，直接将逆变器的输出连接至箱式变压器的低压侧。

（一）直流汇流箱

由于光伏直流汇流箱布置在户外，一般要求防护等级在 IP 65 以上。

直流汇流箱由直流输入、过电流保护、直流母排、检测通信模块、电源模块、浪涌保护器、断路器等组成。直流输入一般情况下使用光伏专用连接器（MC4 连接器）。过电流保护使用的熔断器根据光伏组件的规格书进行选型，额定电流一般应不小于 $1.5I_{sc}$，且不大于组件厂家允许的最大熔断器额定电流。电流经过过电流保护后汇集到直流母排，然后经过具有灭弧功能的直流断路器输出。直流汇流箱的原理如图 4 - 3 所示。

（二）交流汇流箱

光伏交流汇流箱一般要求防护等级在 IP 65 以上。

交流汇流箱的结构较为简单，由交流输入、交流母排、浪涌保护器、交流断路器等组成，如图 4 - 4 所示。

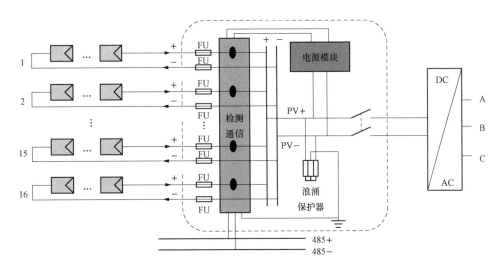

图 4-3　直流汇流箱原理

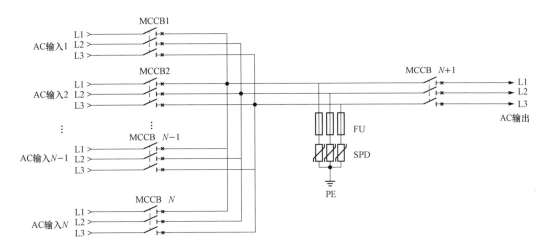

图 4-4　交流汇流箱原理

三、逆变器的选择

（一）集中式逆变器

集中逆变技术是若干个并行的光伏组串被连到同一台集中逆变器的直流输入端，如图 4-5 所示。其最大特点是系统的功率高，成本低，但由于不同光伏组串的输出电压、电流往往不完全匹配（特别是组件因多云、树荫、污渍等原因被部分遮挡时），采用集中逆变的方式会导致逆变过程的效率降低和电性能的下降。同时，整个光伏系统的发电可靠性受某一光伏单元组工作状态不良的影响也较为明显。

（二）组串式逆变器

组串式逆变器相对于集中式逆变器，容量较小，目前市面上的组串式逆变器容量在 5～320kW 之间，即把光伏方阵中数个光伏组串输入到一台指定的逆变器中，多个光伏

81

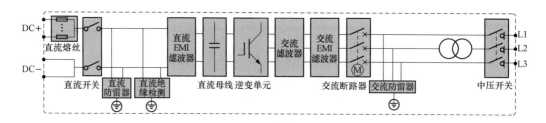

图 4-5　集中式逆变器工作图

组串和逆变器又模块化地组合在一起，所有逆变器在交流输出端并联，如图 4-6 所示。目前，许多大型光伏发电站都选择使用组串式逆变器，其主要优点是不受组串间光伏电池组件性能差异和局部遮影的影响，可以处理不同朝向和不同型号的光伏组件，可避免部分组件上有阴影时造成的巨大电量损失，提高了系统的整体效率。组串式逆变器工作原理如图 4-6 所示。

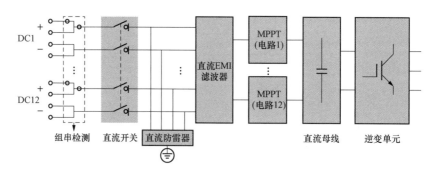

图 4-6　组串式逆变器工作图

（三）逆变方案对比

组串式逆变器和集中式逆变器对比分析如下。

1. 造价

由于逆变器价格在光伏发电站的总造价中所占比例小，两者的造价没有过大悬殊。

2. 占地面积

组串式逆变器采取抱柱安装的方式固定在光伏支架上，集中式逆变器与升压箱式变压器放在一起也不会产生额外的占地面积，故两者的占地面积相同。

3. 发电量及运维

（1）集中式逆变器 MPPT 只有一路，不易跟踪各回路的 MPPT 电压要求，影响整体发电效率，影响经济成本；且出现故障时，受影响的发电阵列较多，排查故障费时费力。

（2）组串式逆变器虽需要多路交流电缆，但直流端具有最大功率跟踪功能，交流端并联并网，减少了光伏电池组件最佳工作点与逆变器不匹配的情况，最大限度地增加了发电量。现场运维需要逐个检查，耗时长；出现故障时只影响接入的少量阵列，排查故障较简洁。

（四）逆变方案选择

一般情况下，单台逆变器容量越大，单位造价相对越低，但是单台逆变器容量过大时，在故障情况下对整个系统输出功率影响较大，因此需要结合光伏电池组件安装的实际情况，选择额定容量适当的并网型逆变器。

集中式逆变器一般用于日照均匀的大型厂房、荒漠化电站、地面电站等发电系统中，系统总功率大，一般数百千瓦以上。其主要优势有：逆变器数量少，便于管理；逆变器元件数量少，可靠性高；谐波含量少，直流分量少，电能质量高；逆变器集成度高，功率密度大，成本低；保护功能齐全，电站安全性高；具备功率因数调节及低电压穿越功能，电网调节性能好。主要缺点有：直流汇流箱设备数量多，故障率高；MPPT调压范围窄，组件配置不灵活，阴雨天及多雾天发电时间短；逆变器安装相对困难，需要专用的机房和吊装设备；自身耗电及机房通风耗电相对较大，系统维护相对复杂；集中式并网逆变系统无冗余能力，如发生故障停机，影响系统发电面大。

组串式逆变器采用模块化设计，每几个光伏组串对应一台逆变器，直流端具有最大功率跟踪功能，交流端并联并网。其优点是减少光伏电池组件最佳工作点与逆变器不匹配的情况，最大限度地增加了发电量；减少了系统的直流传输环节，减小了短路直流拉弧的风险；组串式逆变器的体积小、重量轻，搬运和安装方便，自身耗电低，故障影响小，更换维护方便等。

具体选择哪种类型的逆变器需要根据场址地势进行选择。

四、升压箱式变压器的选型

光伏箱式变压器一般由高压室、变压器室和低压室组成。根据产品结构不同及使用元器件的不同、分为欧式箱式变压器和美式箱式变压器两种典型风格。近几年，变压器行业对美式箱式变压器进行了改进，多了华式箱式变压器。

（一）欧式箱式变压器

欧式箱式变压器由于内部安装常规开关柜及变压器，产品体积较大，常把高压开关柜、变压器、低压开关柜分装在高压室、变压器室、低压室，由三室组成一个类似于小套间的隔间。三室的布置可分为"品"字形和"目"字形。欧式箱式变压器高压侧采用负荷开关加限流熔断器保护。发生一相熔断器熔断时，用熔断器的撞针使负荷开关三相同时分离，避免缺相运行，要求负荷开关具有切断转移电流能力，低压侧采用断路器保护。

（二）美式箱式变压器

美式箱式变压器分为前、后两部分：前面为高、低压操作室，操作室内包括高、低压接，端子，负荷开关操作柄，无载调压分接开关，插入式熔断器，油位计等；后部为主油箱及散热片，将变压器绕组、铁芯、高压负荷开关和熔断器放入变压器油箱中。变压器取消储油柜，采取油加气隙体积恒定原则设计的密封式油箱，油箱及散热器暴露在空气中，散热良好。低压断路器采用塑壳断路器作为主断路器及出线断路器。由于结构简化，这种箱式变压器的占地面积和体积大大减小，体积仅为同容量欧式箱式变压器的 $1/5 \sim 1/3$。

（三）华式箱式变压器

华式箱式变压器是相对美式箱式变压器而言，美式箱式变压器熔断器和负荷开关放在油箱内部，电弧会污染变压器油，而华式箱式变压器不采用油浸式负荷开关，放在油箱内，采用的是六氟化硫负荷开关（或真空负荷开关），放在变压器油箱外面，这样电弧就不会污染变压器油。变压器散热器和储油柜在外面，其他柜体固定在油箱侧壁上。高压柜内一般有负荷开关、熔断器、避雷器、互感器；低压柜内一般有断路器、互感器等；辅助柜内一般有电源变压器、UPS、测控装置、保护装置等。高压电网与变压器连接一般用电缆通过电缆沟进入变压器高压室。低压电网与箱式变压器连接通过电缆沟用电缆连接。

（四）优劣对比

上述三种箱式变压器的优劣对比如下。

1. 结构合理性

欧式箱式变压器将变压器及普通的高压电器设备装于同一个金属外壳箱体中，变压器室温很高，散热困难；在箱体中采用普通的高压负荷开关或高压断路器和熔断器、低压开关柜，因此欧式体积较大。美式箱式变压器、华式箱式变压器整体结构紧凑，外形尺寸小，易于安装，散热良好。

2. 保护方式

华式箱式变压器、欧式箱式变压器保护方式较灵活，针对不同容量的箱式变压器，可以制定负荷开关＋熔断器或断路器等保护方式，保护方式适应于不同容量的箱式变压器。随着大容量风电机组量产应用，华式箱式变压器的优势越来越明显。美式箱式变压器高压侧采用熔断器保护，低压侧采用自动空气断路器保护，高压熔断器保护变压器内部故障，智能断路器保护低压侧线路的过电流、短路、欠电压故障。

3. 产品成本

美式箱式变压器由于其结构紧，保护方式简单，使用材料少，因此其生产成本仅为欧式箱式变压器成本的 $60\% \sim 75\%$。国内风电发展速度比较快，并且为降低光伏发电站初始投资，增加项目的技术经济性，美式箱式变压器得到了大量的应用。华式箱式变压器在美式箱式变压器基础上进行了改进，整体造价较美式变压器增加不大。

4. 设备安全稳定性

美式箱式变压器负荷开关浸在油里，在操作负荷开关时，油被电弧碳化、分解，产生乙炔等有害气体，使得变压器油的绝缘性能下降，易发生事故。负荷开关断开后，看不到明显断开点，检修不方便。华式变压器和欧式变压器高压侧一般配置方案为带隔离接地开关的真空负荷开关组合电器或断路器方案，有效避免了美式箱式变压器存在的问题，保障了设备的安全稳定及运维操作的安全性。

5. 扩展性

华式箱式变压器、美式箱式变压器体积较小，功能扩展方面不如欧式箱式变压器，由于不同容量箱式变压器的土建基础不同，使箱式变压器的增容不便，当箱式变压器过载后或用户增容时，土建要重建，会有一个较长的停电时间，增加工程的难度。但是，欧式箱式变压器可以通过更换变压器来改变容量，而美式箱式变压器和华式箱式变压器都不行。同时，需注意风电工程箱式变压器的容量与风机规格容量匹配，一般增容的可能性非常小。

6. 容量选择

光伏系统升压箱式变压器的容量通常与其所接入的逆变器容量相匹配，典型容量配置方式为一台分裂变压器低压侧接入 2 个 0.5MW 的逆变器，此时箱式变压器容量取 1MVA。若无合适容量时，取变压器标准容量序列向上一挡。

总之，美式箱式变压器较欧式箱式变压器工程投资有所降低，但存在绝缘油性能下降，易发生事故且无明显断点等缺陷和不足；而欧式箱式变压器不仅有效避免了这些问题，且工程投资增加不大。升压变压器原则上推荐采用变压器户外布置，距离独立布置的高低压开关室的紧凑型箱式变压器。

五、升压站主变压器的选型

光伏场站升压站的主变压器是电力系统的重要组成部分，其选型设计对提高光伏系统的效率、降低运营成本具有重要影响。主变压器选型时需要考虑的以下关键因素：

（1）变压器容量。应根据光伏发电站的规划容量、分期建设情况，以及最大输出功率来确定变压器的容量。

（2）变压器额定电压。需要根据接入电网的电压等级来选择变压器的额定电压，确保与电网兼容。

（3）阻抗电压。变压器的阻抗电压会影响系统的电压分布和无功功率流动，需要根据系统的需求进行选择。

（4）调压方式。根据光伏发电站的无功功率需求和电网的运行特性，选择有载调压或无励磁调压变压器。

（5）联结组别。变压器的联结组别（如 Dyn11）对系统的零序阻抗、中性线电流承受能力等有影响，应根据系统要求选择。

（6）无功补偿。考虑到光伏发电站的无功功率需求，主变压器应与无功补偿设备协同工作，以满足系统的无功功率平衡。

（7）电能质量。变压器应能够适应光伏发电的波动性和间歇性，对电能质量影响较小。

（8）环境适应性。根据光伏发电站的地理位置和环境条件（如沿海、高湿度等），选择适合的变压器类型（如油浸式或干式）。

（9）安全性和可靠性。变压器应具备高安全性和可靠性，能够承受光伏发电站的运行条件和潜在的系统故障。

（10）技术经济分析。在满足技术要求的同时，还应进行经济性分析，选择性价比高的变压器设备。

在选型过程中，还需参考国家标准和规范，如 GB/T 17468—2019《电力变压器选用导则》、GB/T 6451—2023《油浸式电力变压器技术参数和要求》、GB 20052—2024《电力变压器能效限定值及能效等级》等。同时，应与电网运营商协调，确保变压器的参数和性能满足电网的要求。

第三节　光伏场站设计案例

本节以某 120MW 光伏场站为例，分析其设计特点。该电站位于广西钦州市，东经 108°36′57.87″、北纬 22°11′16.95″，海拔 33～229m，距离钦州市区约 25km，场址地形光照条件好，适宜光伏建设。项目采用 550W 单晶硅组件，共布置 44 个方阵，交流侧装机容量 120MW，直流侧装机容量 160.2832MW。

一、光伏组件选择

根据项目特点，本项目采用晶硅光伏电池组件。目前，主流厂商生产的单晶硅光伏电池组件应用于大型并网光伏发电系统的规格大多数在 370～550W 之间。当单块组件功率较高时，同样装机容量的光伏发电站所使用的组件数量较少，从而使得组件间连接点少，施工进度快，且故障概率减小，接触电阻小，线缆用量少，系统整体损耗也会降低。

综合考虑组件价格、效率、技术成熟性、市场占有率，以及采购订货时的可选择余地，本工程拟选用 550W 高效单晶半片光伏组件主要参数见表 4-3。图 4-7、图 4-8 所示 182 型光伏组件特性参考型号为晶科 Tiger Pro 72HC 系列，图 4-9、图 4-10 所示 210 型光伏组件特性参考天合 TSM-DE19 系列。

表 4 - 3 光伏组件主要参数

	项目	182 型	210 型
一、电气参数	1. 标准输出功率（W）	550	550
	2. 输出功率公差（W）	0～3	0～5
	3. 模块效率（%）	21.33	21.0
	4. 峰值功率电压（V）	40.9	31.6
	5. 峰值功率电流（A）	13.45	17.40
	6. 开路电压（V）	49.62	37.9
	7. 短路电流（A）	14.03	18.52
	8. 系统最大电压（V）	1500（DC）	1500（DC）
二、热特性参数	1. 短路电流的温度系数（%/℃）	0.048	0.04
	2. 开路电压的温度系数（%/℃）	−0.27	−0.25
	3. 峰值功率的温度系数（%/℃）	−0.35	−0.34
三、机械参数	1. 尺寸（长×宽×高，mm）	2274×1134×35	2384×1096×35
	2. 质量（kg）	28.9	28.6
	3. 电池片数量（个）	144	110
	4. 接线盒防护等级	IP68	IP68
四、工作条件	1. 额定电池工作温度（℃）	45±2	43±2
	2. 温度范围（℃）	−40～85	−40～85
	3. 熔丝最大额定电流（A）	25	30

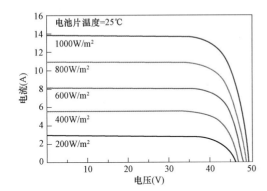

图 4 - 7　182 型光伏组件 I-V 特性曲线

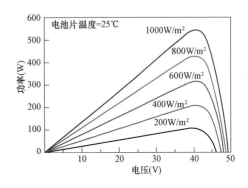

图 4 - 8　182 型光伏组件 P-V 特性曲线

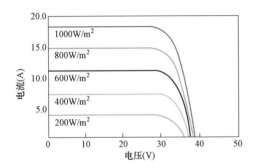

图 4 - 9　210 型光伏组件 I-V 特性曲线

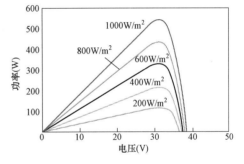

图 4 - 10　210 型光伏组件 P-V 特性曲线

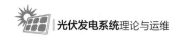

182型和210型光伏组件对比分析如下：

（1）182mm电池片为166mm电池片的升级版本，因此可以大量沿用现有电池片生产设备，产量有保障，生产价格较低；182mm电池片也因此与系统端逆变器等设备的匹配较为容易。

（2）随着平价时代的到来，常规光伏组件的优势越来越小，"大尺寸化"成为未来光伏电池组件发展的方向。210mm电池片尺寸远大于传统166mm电池片，因此其光伏组件的功率获得了极大的提升，目前已可以做到580～600W；相同项目容量下光伏组件的数量小于传统光伏组件，对减少占地有积极的作用。

（3）因为电池尺寸的增大，光伏组件的隐裂、热斑、二极管可靠性等风险也相应增大，182mm×182mm光伏电池组件，由于尺寸相较于常规组件增加的幅度较小，技术问题较容易克服，也率先实现了超过98%的良率。210mm电池的良率低于182mm电池，同时因为210mm×210mm光伏电池组件为较新产品，市场出货量较小，无法满足本工程工期需求。考虑项目开展时间较早，结合182mm电池片与210mm电池片的供货情况，建议采用182mm的电池片。

二、 逆变器选择

本工程场址地势总体为缓坡，按照逆变器的类型特点，以及本工程实际情况和项目特性，本工程采用组串式逆变器方案。根据目前逆变器行业现状，大型电站组串式逆变器适用功率段为125～236kW，最终逆变器功率由招标选定。本项目采用额定功率196kW组串式逆变器，逆变器性能规格参数见表4-4。

表4-4　　　　　　　　　196kW组串式逆变器性能规格参数

项目			性能及参数
逆变器输出功率	逆变器输出额定功率	kW	196
	逆变器最大光伏输入功率	kW	216
逆变器效率	最高转换效率		98.3%
	欧洲效率（加权平均效率）		97.7%
逆变器输入参数	输入电压	V	1500
	MPPT电压	V	500～500
	最大直流输入电流	A	1500
逆变器输出参数	额定输出电压	V	800
	输出电压	V	800（±10%）
	输出频率	Hz	50±4.5
	功率因数		＞0.99
	最大交流输出电流	A	166
	总电流波形畸变率		＜3%

项目			性能及参数
电气绝缘	直流输入对地电压		2000V，1min
	直流与交流之间电压		交流对地电压2000V，1min。直流对交流的耐压通过选配隔离变压器保证
	防护等级		IP65
	噪声	dB	＜60
逆变器功率损耗	工作损耗	W	1500
	待机损耗、夜间功耗	W	100
	自动投运条件		输入直流电压在200～850V，输出电压和频率在设定范围内
	断电后自动重启时间		20s～5min 可设
	隔离变压器（有无）		可选配
保护功能	过载保护（有无）		有
	反极性保护（有无）		有
	过电压保护（有无）		有
	其他保护		短路、孤岛、过温、过电流、直流母线过电压、电网欠电压、欠频、逆变器故障等保护
	相对湿度		95％
	防护类型（防护等级）		IP56
	散热方式		风冷
	质量	kg	86
	机械尺寸（宽×高×深）	mm	1035×700×260

三、 组件串联数量计算

光伏方阵由光伏组件经串联、并联组成，1个光伏发电单元系统包括1台组串式逆变器与对应的 n 组光伏组串、直流连接电缆等。

光伏组件串联的数量由并网逆变器的最高输入电压、MPPT电压范围以及光伏组件允许的最大系统电压所确定。光伏组串的并联数量由逆变器的额定容量确定。

光伏组件的输出电压随着工作温度的变化而变化，因此需对串联后的光伏组串的输出电压进行温度校验。本项目使用的196kW组串式逆变器最高允许输入电压 U_{dcmax} 为1500V，逆变器满载MPPT工作电压范围为500～1500V。550W单晶硅太阳电池组件的开路电压 V_{oc} 为49.8V；其开路电压温度系数为 $-0.27V/℃$；峰值功率电压 U_{mp} 为

41.95V；最大允许系统电压为 1500V。根据气象数据，厂址极端最低气温为 −3.0℃，极端最高气温为 35.5℃（组件正常发电在辐照度较好时，组件的运行温度比环境温度高 25℃，因此组件的最高气温按照 60℃ 计算）。

同一光伏组件串中各光伏组件的电性能参数宜保持一致，光伏组件串的串联数应按下列公式计算。

组件串联后的开路电压不允许超过最大系统电压，即

$$N \leqslant \frac{U_{dcmax}}{U_{oc} \times [1 + (t_{min} - 25) \times k_{voc}]} \tag{4-1}$$

组件串联后的最大功率点工作电压在逆变器 MPPT 电压范围内，即

$$\frac{U_{mpptmin}}{U_{pm} \times [1 + (t_{max} - 25) \times k_{vpm}]} \leqslant N \leqslant \frac{U_{mpptmax}}{U_{pm} \times [1 + (t_{min} - 25) \times k_{vpm}]} \tag{4-2}$$

式中　k_{voc}——光伏组件的开路电压温度系数；

　　　k_{vpm}——光伏组件的工作电压温度系数；

　　　N——光伏组件串联数（N 取整数），个；

　　　t_{min}——光伏组件昼间环境极限低温，℃；

　　　t_{max}——工作状态下光伏组件的电池极限高温，℃；

　　　U_{dcmax}——逆变器和光伏组件允许的最大系统电压，取两者中较小值，V；

　　　$U_{mpptmax}$——逆变器 MPPT 电压最大值，V；

　　　$U_{mpptmin}$——逆变器 MPPT 电压最小值，V；

　　　U_{oc}——光伏组件的开路电压，V；

　　　U_{pm}——光伏组件最佳工作电压，V。

同一光伏组件串中各光伏组件的电流若不保持一致，则电流偏小的组件将影响其他组件，进而使整个光伏组件串电流偏小，影响发电效率。为了达到技术经济最优化，应先按式（4-1）得出光伏组件串联数的范围，再结合光伏组件排布、直流汇流、施工条件等因素进行技术经济比较，合理设计组件串联数。光伏组件的工作电压温度系数 K_{vmp} 很难测量，如果组件厂商无法给出，可采用光伏组件的开路电压温度系数 K_{voc} 值替代。

根据式（4-1），将本项目选取的组件参数带入计算，得

$$N \leqslant \frac{U_{dcmax}}{U_{oc} \times [1 + (t_{min} - 25) \times k_{voc}]}$$

$$\leqslant \frac{1500}{49.62 \times [1 + (-3 - 25) \times -0.27\%]} = 28.1$$

根据式（4-2），将本项目选取的组件参数带入计算得

$$\frac{U_{mpptmin}}{U_{pm} \times [1 + (t_{max} - 25) \times k_{vpm}]} \leqslant N \leqslant \frac{U_{mpptmax}}{U_{pm} \times [1 + (t_{min} - 25) \times k_{vpm}]}$$

$$\frac{500}{40.9 \times [1 + (60 - 25) \times -0.27\%]} \leqslant N \leqslant \frac{1500}{40.9 \times [1 + (-3 - 25) \times -0.27\%]}$$

$$13.5 \leqslant N \leqslant 34.1$$

为了达到技术经济最优化，便于组件支架的结构设计，地面光伏发电站一般采用偶数最大数量电池组件进行串联，即本项目串联设计数量 N 取值为 28 个。

四、 发电系统容配比

根据 NB/T 10394—2020《光伏发电系统效能规范》，容配比计算公式为

$$R = P_{dc} / P_{ac} \tag{4-3}$$

式中 R——容配比；

$\quad\quad P_{dc}$——光伏发电系统安装容量，W；

$\quad\quad P_{ac}$——光伏发电系统额定容量，W。

光伏发电系统容配比优化计算宜综合考虑项目的地址位置、地形条件、太阳能资源条件、组件选型、安装类型、布置方式、逆变器性能、建设成本、光伏方阵至逆变器或并网点的各项损耗、电网需求等因素，经过技术性和经济性比选后确定。容配比优化分析宜使用试算法进行计算，宜从低到高选取容配比进行多点计算，得出最优容配比。本项目容配比 $R = P_{dc}/P_{ac} = 160.2832/120 = 1.33$。

五、 方阵接线方案设计

（一）直流接线方案设计

电站直流系统指光伏电池方阵到逆变器直流侧的电气系统，包括光伏电池组件、组件连接电缆、组串式逆变器。本项目每个光伏组串采用 28 个 550W 单晶硅光伏组件串联成串，即每 28 个电池组件之间采用组件自带电缆串联成 1 个组串，每串采用 2 根型号为 PV－F－1×4mm² 的光伏电缆接入逆变器。因场地限制，本工程方阵布置大多为狭长布置，各组串平均电缆长度约 110m。对 PV-F-1×4mm 电缆，$R = 4.61\Omega/km$。550W 单晶硅组件工作电压为 41.95V，28 个组件为一个组串，故组串工作电压为 $41.95 \times 28 = 1174.6$ （V），电流为 13.12A，按照线路平均长度 110m 计算电缆压降为

$$\Delta U\% = \frac{200}{U} I_g L R = \frac{200}{1174.6} \times 13.12 \times 0.11 \times 4.61 = 1.133\%$$

满足相关国家标准要求。

（二）交流接线方案设计

本工程采用单机功率为 196kW 的组串式逆变器，每台逆变器出线采用 1 根型号为 ZC-YJLHV22-1.8/3kV-3×95mm² 的电力电缆接入对应方阵箱式变压器低压侧。因场地限制，本工程方阵布置大多为狭长布置，各逆变器出线平均长度约为 215m，对于 ZC-YJLHV22-1.8/3kV-3×95mm² 电力电缆，$R = 0.2763\Omega/km$，$X = 0.0828\Omega/km$，最大

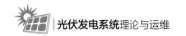
光伏发电系统理论与运维

工作电流 178.7A。按照线路平均长度 200m 计算电缆压降为：

$$\Delta U\% = \frac{173}{U} I_g L (r\cos\varphi + X\sin\varphi)$$

$$\frac{173}{800} \times 178.7 \times 0.2 \times (0.2763 \times 0.95 + 0.0828 \times 0.312) = 2.228\%$$

满足相关国标要求。

每台箱式变压器高压侧出线采用 1 根型号为 ZC - YJLHV22 - 26/35kV 的电力电缆接入集电线路，电缆根据输送容量不同采用 95、150、300mm² 变截面积设计，各回路电缆最大长度均在 9km 以内，整体压降均处于 2% 以内，满足相关国家标准要求。

六、 光伏阵列的运行方式设计

1. 光伏阵列运行方式选择

在光伏发电系统的设计中，光伏组件阵列的运行方式对发电系统接收到的太阳总辐射量有很大的影响，从而影响光伏发电系统的发电能力。光伏组件的运行方式有固定式、倾角季度调节式和自动跟踪式三种。其中，自动跟踪式包括单轴跟踪式和双轴跟踪式。单轴跟踪式（包括水平单轴跟踪、斜单轴跟踪）只有一个旋转自由度，即每日从东往西跟踪太阳的轨迹；双轴跟踪式（全跟踪）具有两个旋转自由度，可以通过适时改变方位角和倾角来跟踪太阳轨迹。

对于自动跟踪式，其倾斜面能最大限度地接收太阳总辐射量，从而增加发电量。经初步计算，若采用水平单轴跟踪方式，系统理论发电量（跟踪式光伏组件自日出开始至日落结束均没有任何遮挡的理想情况下）可提高 15%～20%（与固定式光伏组件比较）；若采用斜单轴跟踪方式，系统理论发电量可提高 25%～30%（与固定式光伏组件比较）；若采用双轴跟踪方式，系统理论发电量可提高 30%～35%（与固定式光伏组件比较）。然而，实际工程中效率往往比理论值小，其原因有很多，如光伏电池组件间的相互投射阴影、跟踪支架运行难于同步等。

根据已建工程调研数据，若采用斜单轴跟踪方式，系统实际发电量可提高约 18%；若采用双轴跟踪方式，系统实际发电量可提高约 25%。在此条件下，以固定安装式为基准，1MW 光伏阵列采用不同运行方式的比较见表 4 - 5。

表 4 - 5 运行方式比较

项目	固定式	斜单轴 跟踪方式	双轴 跟踪方式	固定倾角 可调式	平单轴 支架方式
发电量（%）	100	120	130	103	115
占地面积（万 m²）	2.2	4.6	4.9	2.2	2.6

92

续表

项目	固定式	斜单轴跟踪方式	双轴跟踪方式	固定倾角可调式	平单轴支架方式
支架造价（元/W）	0.4	1.0	2.5	0.5	0.7
支架费用（万元）	100	100	250	125	175
估算电缆费用（万元）	240	400	420	240	340
直接投资增加（％）	100	110	124	107	110
运行维护	工作量小	有旋转构件，工作量更大	有旋转构件，工作量更大	工作量小	有旋转构件，工作量更大
支撑点	多点支撑	多点支撑	单点支撑	多点支撑	单点支撑
板面清洗	布置集中，清洗方便	布置分散，需逐个清洗，清洗量较大	布置分散，需逐个清洗，清洗量大	布置集中，清洗方便	布置分散，需逐个清洗，清洗量大

从表 4-5 可见，固定式与自动跟踪式各有优缺点：固定式初始投资较低，且支架系统基本免维护；自动跟踪式初始投资较高、需要一定的维护，但发电量较倾角最优固定式相比有较大的提高（发电量提高的比例高于直接投资增加的比例）。假如不考虑后期维护工作增加的成本，采用自动跟踪式运行的光伏发电站单位电度发电成本将有所降低。若自动跟踪式支架造价能进一步降低，设备的可靠性和稳定性不断提高，则其发电量增加的优势将更加明显。同时，若能较好地解决电池阵列同步性问题，减少运行维护工作量，则自动跟踪式系统相较固定式系统将更有竞争力。

通过固定式和跟踪式两种运行方式的初步比较，考虑本工程规模较大，固定式初始投资较低，且支架系统基本免维护；自动跟踪式虽然能增加一定的发电量，但初始投资相对较高，而且后期运行过程中维护工作量较大，运行费用相对较高；电池阵列的同步性对机电控制和机械传动构件要求较高，而自动跟踪式缺乏在项目场址区或相似特殊的气候环境下的实际应用可靠性例证，本工程推荐选用固定式或固定可调式运行方式。

通过比较固定式与固定可调式支架，固定可调式支架会略微增加支架成本及人工成本，故本工程推荐选用固定式运行方式。

2. 阵列最佳倾角设计

图 4-11 所示为 0°～80°范围内按照 1°间隔计算得到的斜面年总辐射量变化。从图中可以看出，斜面辐射量随倾斜角度的增加而增加，到达最大值后又随倾斜角度的增加而减少。根据计算结果，最终选取 15°为最佳倾角，该角度的年总辐射量为 1375.50kWh/m²，比水平面增加了 2.1％。考虑光伏电池的标准测试辐照度为 1000W/m²，可将最佳斜面年总辐射量换算为峰值日照时数，为 1375.50h。

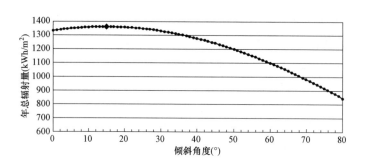

图 4-11　年总辐射量与倾斜角度关系

3. 光伏阵列布置设计

（1）光伏电池阵列间距的设计计算。光伏电池方阵阵列间距计算应按太阳高度角最低时的冬至日仍保证组件上日照时间有 6h 的日照考虑。其阵列间距计算示意图，太阳高度角、方位角与电池板倾角关系如图 4-12 所示。

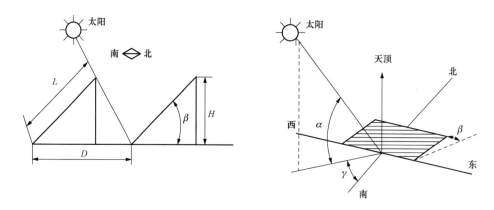

图 4-12　阵列间距计算示意图

D—两排阵列之间距离；L—太阳电池阵列面宽度；H—电池组件与地面高差；

β—电池阵列面倾角；α—太阳高度角；γ—太阳方位角

根据 GB 50797—2012，两排阵列之间距离计算式为

$$D = L\cos\beta + L\sin\beta \frac{0.707\tan\varphi + 0.4338}{0.707 - 0.4338\tan\varphi} \qquad (4-4)$$

式中　φ—纬度（北半球为正、南半球为负）。

由式（4-4）可知，本工程水平面支架间最小列间距为 1.594m，计算参数见表 4-6。

表 4-6　　　　　　　　　　　　　　计算参数

参数	项目	取值	计算结果	单位
φ	当地纬度	22.19		(°)
L	光伏电池阵列倾斜面长度	4.522		m
β	阵列倾角	15		(°)

（2）单组支架电池组串的排列设计。每个晶体硅光伏电池组串支架的纵向为 2 排、每排 14 个组件，即每个单支架上安装 28 个单晶硅光伏电池组件，满足 1 个组串。每一个支架阵面平面尺寸约为 16.052m×4.522m，如图 4 - 13 所示。

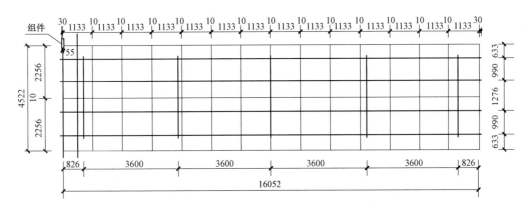

图 4 - 13　支架阵面平面（单位：mm）

七、 辅助设施

(一) 环境监测方案的设计

为了保证光伏发电站的正常运行及数据分析，在光伏发电站内布置一套环境监测仪。该装置由风速风向传感器、日照辐射表、测温探头、控制盒及支架组成，可以实时测量风速风向、光伏组件表面温度、环境温度及太阳光总辐射量。

(二) 组件清洗方案

光伏组件上的污浊对发电量影响显著，主要表现为：①影响光线的透射率，进而影响组件表面接收到的辐射量；②组件表面的污浊因为距离电池片的距离很近，会形成阴影，并在光伏组件局部形成热斑效应，进而降低组件的发电效率，甚至烧毁组件。

本光伏发电站所处环境的主要污染源为鸟屎及少量小沙石，运行过程中必须对电池组件进行清洗，以保证电池组件的发电效率和防止污垢引起的热斑造成电池组件烧毁。

光伏组件表面的清洗可分为定期清洗和不定期清洗。定期清洗一般每月进行一次，制定清洗路线，清洗时间安排在日出前或日落后。不定期清洗分为恶劣气候后的清洗和季节性清洗。恶劣气候分为大风、雨后的清洗。每次起风过后的天气应及时清洗。雨后应及时巡查，对落在光伏组件表面上的泥点和积水应予以清洗。季节性清洗主要指春秋季位于候鸟迁徙线路下的发电区域，对候鸟粪便的清洗，在此季节应每天巡视。

考虑到本工程特点和当地气象条件，本工程拟以清洗水车为主，即清洗水车和维护人员配合，利用车载水箱、水泵及水管对光伏组件表面进行清洗。首先车载水箱将水运至光伏阵列附近，然后人工利用软管对光伏组件进行冲洗。

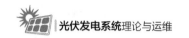

本　章　小　结

　　本章重点介绍了光伏发电站一次系统设备选型与配置的原则。首先，需对项目地理位置、太阳能资源等进行详尽调研，以确定电站容量、容配比等设计参数。其次，依据 GB 50797—2012《光伏发电站设计规范》，强调了太阳能资源分析的重要性，包括气象站数据采集和现场观测站设置。详细讨论了光伏组件、汇流箱、逆变器和箱式变压器的选型原则，比较了不同逆变器方案的优缺点，并推荐了适合特定工程条件的逆变器类型。最后，通过广西钦州市 120MW 光伏场站的实际案例，展示了如何将理论知识应用于实践，包括组件选型、逆变器匹配、容配比优化和阵列设计。综上所述，光伏系统设计需综合考虑技术性、经济性和可靠性，以实现高效、稳定和经济的光伏发电。

第五章　光伏发电站继电保护及安全自动装置

第一节　继电保护的基本原理

一、继电保护及安全自动装置的任务

光伏发电站中所装设的继电保护和安全自动装置是当电站发生了故障或发生危及其安全运行的事件时，向运行值班人员及时发出警告信号或直接向所控制的断路器发出跳闸命令，以终止故障或事件发展的一种自动化措施和设备。用于保护电力元件的成套设备，一般通称为继电保护装置；用于保护电力系统的，一般通称为安全自动装置。

在电力系统中，可以将系统运行状态分为正常状态、不正常状态和故障状态。

（一）正常运行状态

正常运行状态下，电力系统以足够的电功率满足负荷对电能的要求；系统中各发电、输电和用电设备均在长期的安全工作限额内运行；电力系统中各母线电压和频率均在允许偏差的范围内，提供合格的电能。

（二）不正常运行状态

不正常运行（异常）状态，是指电力系统的正常工作受到干扰，使运行参数偏离正常值。发生不正常运行（异常）状态或故障若不及时终止，就可能引起事故。

常见的不正常运行（异常）状态有过负荷、电压异常、系统振荡等。

（三）故障状态

由于电气设备的绝缘老化或损坏、雷击、鸟害、设备缺陷或误操作等原因，可能发生短路、断线等故障。其中最常见也是最危险的故障是各种类型的短路，包括三相短路、两相短路、两相接地短路，以及中性点直接接地中的单相接地短路，此外还可能发生输电线路的一相断线、两相断线及变压器一相绕组的匝间短路。

电力系统发生故障或出现不正常运行状态时，可能引起系统全部或部分正常工作受到破坏，使电能质量变坏到不能允许的程度，甚至造成人身伤亡和电气设备的损坏。因此，在电力系统中应采取各种措施消除或减少发生各种故障的可能性。另外，故障一旦发生，必须迅速而有选择性地将故障设备从系统中切除，以保证无故障设备继续运行。要想完成上述任务，只有通过继电保护装置才能实现。

继电保护的主要任务是：

（1）监视电力系统运行情况，当被保护的电力系统元件发生故障时，应该由该元件的继电保护装置迅速准确地向离故障元件最近的断路器发出跳闸命令，使故障元件及时从电力系统中断开，以最大限度地减少对电力系统元件本身的损坏，降低故障元件对电力系统安全供电的影响。

（2）反映电气设备的不正常工作情况，并根据不正常工作情况和设备运行维护条件的不同发出信号，提示值班员迅速采取措施，使设备尽快恢复正常，或由装置自动进行调整，或将那些继续运行会引起事故的电气设备予以切除。反应不正常工作情况的继电保护装置允许带一定的延时动作。

（3）实现电力系统的自动化和远程操作，以及工业生产的自动控制，如自动重合闸、备用电源自动投入、遥控、遥测等。

由此可见，继电保护装置是电力系统必不可少的组成部分，对保障系统安全运行，保证电能质量，防止故障的扩大和事故的发生，都有极其重要的作用。

二、 对继电保护及自动装置的基本要求

继电保护装置是保证光伏电站中电力元件安全运行的基本装备，任何电力元件不得在无继电保护的状态下运行，当光伏逆变器、直流汇流箱、集电线路、变压器、母线、对外送出线路及用电设备等发生故障时，要求继电保护装置以最短的时限和在可能最小的范围内，按预先设定的方式，自动将故障设备从运行系统中断开，以减轻故障设备的损坏程度和对临近地区供电的影响。

光伏厂站对继电保护的基本要求按照 GB 14285—2023《继电保护和安全自动装置技术规程》的规定，继电保护与安全自动装置应符合可靠性、选择性、灵敏性和速动性（简称"四性"）的要求。

（1）可靠性。可靠性是指保护该动作时应动作，不该动作时不动作。为保证可靠性，宜选用性能满足要求、原理尽可能简单的保护方案，应采用由可靠的硬件和软件构成的装置，并应具有必要的自动检测、闭锁、告警等措施，以及便于整定、调试和运行维护。

（2）选择性。选择性是指首先由故障设备或线路本身的保护切除故障，当故障设备或线路本身的保护或断路器拒动时，才允许由相邻设备、线路的保护或断路器失灵保护切除故障。为保证选择性，对相邻设备和线路有配合要求的保护和同一保护内有配合要求的两元件（如启动与跳闸元件、闭锁与动作元件），其灵敏系数及动作时间应相互配合。当重合于本线路故障，或在非全相运行期间健全相又发生故障时，相邻元件的保护应保证选择性。在重合闸后加速的时间内以及单相重合闸过程中发生区外故障时，允许被加速的线路保护无选择性。

在某些条件下必须加速切除短路时，可使保护无选择动作，但必须采取补救措施，如采用自动重合闸或备用电源自动投入来补救。发电机、变压器保护与系统保护有配合要求时，也应满足选择性要求。

（3）灵敏性。灵敏性是指在设备或线路的被保护范围内发生故障时，保护装置具有的正确动作能力的裕度，一般以灵敏系数来描述。灵敏系数应根据不利正常（含正常检修）运行方式和不利故障类型（仅考虑金属性短路和接地故障）计算。

（4）速动性。速动性是指保护装置应能尽快地切除短路故障，其目的是提高系统稳定性，减轻故障设备和线路的损坏程度，缩小故障波及范围，提高自动重合闸和备用电源或备用设备自动投入的效果等。

三、 继电保护的基本原理和分类

（一）继电保护的基本原理

继电保护装置必须正确地区分"正常"与"不正常"运行状态、被保护元件的"外部故障"与"内部故障"，以实现继电保护的功能。因此，通过检测各种状态下被保护元件所反映的各种物理量的变化并予以鉴别。

不同运行状态下具有明显差异的电气量有：

（1）元件的运行相电压幅值、序电压幅值。

（2）元件的电压与电流的比值，即测量阻抗等。

（3）流过电力元件的相电流、序电流、功率及其方向。

因此用正常运行与故障时可测电气量的不同差异，便可以构成各种不同原理的继电保护，包括：

（1）反映电流增大而动作的过电流保护。

（2）反映电压降低而动作的低电压保护。

（3）反映短路点到保护安装地点之间的测量阻抗的减小而动作的距离保护（或低阻抗保护）等。

（4）反映每个电气元件在内部故障和外部故障（包括正常运行情况）时，两侧电流相位或功率方向差别的差动原理保护，如纵联差动保护、相差高频保护、方向高频保护等。

在按照上述原理构成各种继电保护装置时，可以使它们的参数反应于每相中的电流和电压，也可以使之仅反应其中的某一个对称分量（负序、零序或正序）的电流和

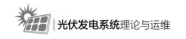

电压。

正常情况下，负序和零序分量不会出现；在发生不对称接地短路时，它们均具有较大的数值；在发生不接地的不对称短路时，无零序分量但负序分量较大，因此利用这些分量构成的保护装置均具有良好的选择性和灵敏性。

另外，除反映各种电气量的保护外，还可根据电气设备的特点实现反映非电量的保护，包括当变压器油箱内部绕组短路时，反映油液被分解所产生的气体而构成的瓦斯保护，反映绕组的温度升高而构成的过热保护等。

（二）继电保护装置分类

继电保护装置一般可以按反应的物理量不同、被保护对象的不同、组成元件的不同以及作用的不同等方式来分类。

（1）根据保护装置反应物理量的不同可分为：电流保护、电压保护、距离保护、差动保护和瓦斯保护等。

（2）根据被保护对象的不同可分为：输电线保护、母线保护、变压器保护、电抗器保护、电容器保护等。

（3）根据保护装置的组成元件不同可分为：电磁型、半导体型、数字型及微机保护装置等。目前，电网所使用的保护装置基本为微机型保护装置。

（4）根据保护装置的作用不同可分为：主保护、后备保护，以及为了改善保护装置的某种性能，而专门设置的辅助保护装置等。

第二节　集中式光伏发电站继电保护典型配置

一、 继电保护配置原则

集中式光伏发电站继电保护配置满足四个基本要求，即选择性、灵敏性、速动性、可靠性，遵循原则如下：

（1）继电保护装置应满足可靠性、选择性、灵敏性、速动性的要求。

（2）220kV 及以上电压等级电力设备应配置双重化保护。继电保护双重化包括保护装置的双重化及与实现保护功能有关的回路的双重化。双重化配置的保护装置及其回路之间应完全独立，不应有直接的电气联系，当一套保护异常或退出时不应影响另一套保护的运行。

（3）继电保护的配置和选型应满足工程投产初期和终期的运行要求。

（4）保护用互感器的配置应避免使保护出现死区。

（5）保护装置中所有涉及直接跳闸的开入回路均应采取措施防止误动作。

（6）微机保护装置应使用满足运行要求的软件版本。

（7）光伏电站汇集系统采用保护、测控一体化装置时，保护功能应独立，三相操作插件应含在装置内。

（8）汇集系统单相接地故障应快速切除。对于中性点经低电阻接地的光伏电站，应配置动作于跳闸的接地保护；对于经消弧线圈接地的光伏电站，应配置小电流接地故障选线装置实现跳闸。

（9）光伏电站保护定值及动作报告应能方便调阅，保护定值应方便修改并有保证安全的措施。

（10）光伏电站继电保护装置及故障录波器应支持 IRJG‐B 码对时，时钟误差不超过 1ms，外部对时信号消失采用自身时钟时的误差每 24h 不超过 5s。逆变器保护及单元变压器保护采用网络对时，误差不超过 1s。

（11）保护装置软压板与保护定值相对独立，软压板的投退不应影响定值。

（12）变压器保护应提供便于用户修改的跳闸矩阵，以实现不同的运行要求。

（13）光伏电站汇集系统设备的保护配置和整定应与一次系统相适应，防止其故障造成主升压变压器跳闸。

（14）低电阻接地通过接于汇集母线上的接地变压器或者带平衡绕组的主升压变压器实现。

（15）低电阻接地系统每段汇集母线必须且只能有一个中性点接地运行，当接地点失去时，应断开汇集母线所有断路器。

（16）在满足一次系统要求前提下，低电阻接地系统中接地电阻及零序电流的选取应确保零序电流保护对单相接地故障有足够的灵敏度。

（17）分段汇集母线正常情况不允许并列运行，汇集母线为单母线或单母线分段并列运行时，有且只能有一台接地变压器投入运行。

（18）不应出现非计划性孤岛现象。

（19）光伏电站应具备快速切除站内汇集系统单相故障的保护措施。

二、 典型继电保护配置

（一） 典型继电保护方案

一般情况下，集中式光伏电站应配置汇集线路保护、汇集母线保护、升压变压器保护、无功补偿设备保护、汇集母线分段断路器保护、站用变压器保护、接地变压器保护、单元变压器保护、小电流接地故障选线装置及故障录波器装置等继电保护设备。因电网需要、设备特性及用户不同要求，不同光伏电站继电保护的配置会有所不同，本章仅根据目前较常见的典型接线方式，对配置的继电保护设备进行论述。对于与本章论述

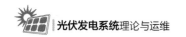

有部分差别的特殊接线形式，应根据实际情况配置各类保护，确保满足现场运行需要。

（二）普遍应用的几种保护原理

1. 电流差动保护

电流差动保护是利用基尔霍夫电流定理，将被保护的电气设备看成是一个节点，正常时节点上各支路流入、流出电流为零的原理构成上的保护装置。电流差动保护原理是最为理想的一种保护原理，具有灵敏度高、保护范围明确、简单可靠和动作速度快，能适应电力系统振荡、非全相运行、双回线跨线故障等各种复杂的故障和不正常运行状态，具有天然的选相功能，可反应各种类型的故障，不受电压互感器断线的影响等特点，普遍应用在线路保护、母差保护、变压器保护等主设备保护中，是天然的主保护。

在图 5-1（a）所示的系统图中，设流过两侧保护的电流 $\dot{I}_M$、$\dot{I}_N$ 以母线流向被保护的线路方向规定为其正方向，如图中箭头方向所示。以两侧电流的相量和作为继电器的动作电流 I_d，$I_d = |\dot{I}_M + \dot{I}_N|$，该电流有时也称为差动电流。另以两侧电流的相量差作为继电器的制动电流 I_r，$I_r = |\dot{I}_M - \dot{I}_N|$。纵联电流差动继电器的动作特性一般如图 5-1（b）所示，阴影区为动作区，非阴影区为不动作区。这种动作特性称为比率制动特性，是差动继电器（线路、变压器、发电机、母线差动保护中用的差动继电器）常用的动作特性。制动系数 K_r 是动作电流与制动电流的比值，$K_r = I_d / I_r$。当斜线的延长线通过坐标原点时，该斜线的斜率等于制动系数。图 5-1（b）的动作特性以数学形式表述为式（5-1）中的两个关系式的"与"逻辑。

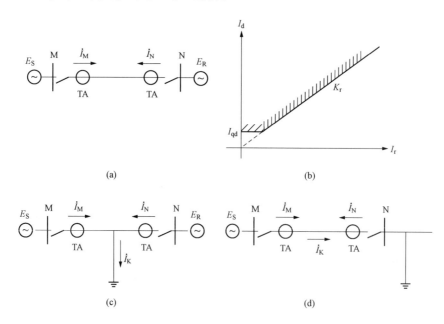

（a）

（b）

（c）

（d）

图 5-1　纵联电流差动保护原理

（a）系统图；（b）动作特性；（c）内部短路；（d）外部短路

$$\left.\begin{array}{l} I_d > I_{qd} \\ I_d > K_r I_r \end{array}\right\} \qquad (5-1)$$

式中 I_{qd}——启动电流；

K_r——制动系数。

当差动继电器的动作电流 I_d 和制动电流 I_r 满足式（5-1）时，它们对应的工作点位于阴影区，继电器动作。

2. 过电流保护

过电流保护原理如图 5-2 所示，是当被测电流增大超过允许值时执行相应保护动作（如使断路器跳闸）的一种保护措施。过电流保护是一种最基本的电流保护，用来反应短路故障及严重的过载故障，具有结构简单、可靠、经济的特点，广泛应用于线路、发电机、变压器等各种设备的保护中。

过电流保护一般按阶段式设置为三段，分别为不带延时的电流速断、带短延时的限时电流速断和带较长延时的过电流速断。

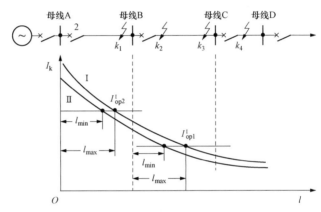

图 5-2 三段式过电流保护原理

Ⅰ—最大运行方式下三相短路电流分布；

Ⅱ—最小运行方式下相间短路电流分布；

l_{min}—最小保护范围；l_{max}—最大保护范围

过电流保护不带方向性，也不能判断是否为故障，只要流过保护装置的电流超过元件动作值，保护就会动作。为了弥补这一缺点，过电流保护通常由方向元件闭锁，形成方向过电流保护，同时通过提高定值躲过负荷电流、不平衡电流等正常运行电流。

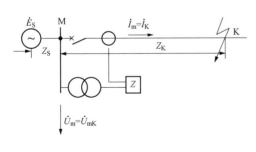

图 5-3 距离保护原理

3. 距离保护

距离保护原理如图 5-3 所示。距离保护是反应输电线路一端电气量变化的保护，具体来说是反应故障点至保护安装地点之间的距离（或阻抗），并根据距离的远近而确定动作时间的一种保护装置。在图 5-3 所示的电网中，将母线端的电压 $\dot{U}_m$、电流 $\dot{I}_m$ 加到阻抗继电器中，阻抗继电器反应的是电压 $\dot{U}_m$ 与电流 $\dot{I}_m$ 的比值，称之为阻抗继电器

的测量阻抗 Z_m，$Z_m = \dot{U}_m / \dot{I}_m$。

（1）系统正常运行时，电压为系统标称电压，电流为线路上的额定电流，测量阻抗 Z 为负荷阻抗，数值较大。

（2）当短路点距保护安装处近时，此时测量阻抗 Z 变小，动作时间短。

（3）当短路点距保护安装处远时，测量阻抗 Z 增大，动作时间增长。

距离保护的动作时间与保护安装地点至短路点之间距离的关系 $t = f(l)$，称为距离保护的时限特性，广泛应用具有三段动作范围的阶梯型时限特性。

4. 零序电流保护

输电线路零序电流保护是反应输电线路一端零序电流的保护。反应输电线路端电气量变化的保护由于无法区分本线路末端短路和相邻线路始端的短路，为了在相邻线路始端短路不越级跳闸，其过电流保护Ⅰ段只能保护本线路的一部分，本线路末端短路只能靠其他段带延时切除故障。因此，反应输电线路一端电气量变化的保护都要做成多（Ⅱ或Ⅲ）段式的保护。这种多段式的保护又称为具有相对选择性的保护，即它既能保护本线路的故障又能保护相邻线路的故障。要构成多段式的保护必须要具备下述两个条件：①它要能区分正常运行和短路故障两种运行状态，在正常运行时保护不能动作，在短路时保护能够动作；②它要能区分短路点的远近，以便在近处短路时以较短的延时切除故障而在远处短路时以较长的延时切除故障，以满足选择性的要求。零序电流保护能满足这两个条件，正常运行时没有零序电流，只有在接地短路时才有零序电流。因此，零序电流保护是针对接地型故障配置的保护装置。

零序电流保护与过电流保护的配置类似，也分为零序电流第Ⅰ段、零序电流第Ⅱ段和零序电流第Ⅲ段。

快速动作的零序电流第Ⅰ段按躲过本线路末端（实质是躲过相邻线路始端）接地短路时流过保护的最大零序电流整定（其他整定条件姑且不论），对于不加方向的零序电流第Ⅰ段还要躲过背后母线接地短路时流过保护的最大零序电流整定。因此，第Ⅰ段只能保护本线路的一部分。对于三段式零序电流保护中的带有短延时的零序电流第Ⅱ段的任务是：能以较短的延时尽可能地切除本线路范围内的故障。对于三段式零序电流保护中的带有较长是延时的零序电流第Ⅲ段的任务是：应可靠保护本线路的全长，在本线路末端金属属性接地短路时有一定的灵敏系数，并作为可靠的后备保护作用，要作为本保护Ⅰ、Ⅱ段的本段线路和相邻线路的后备保护。

（三）典型继电保护配置

1. 逆变器保护

逆变器保护配置如下：

（1）配置交流电压保护，当逆变器交流输出端电压超出允许范围时，逆变器停止向电网供电，并发出告警。

（2）配置交流频率保护，当逆变器检测到电网频率波动超出允许范围时带时限动作于停机。

（3）配置交流侧短路保护，当逆变器检测到交流侧电流异常增大时带时限动作于停机。

（4）配置直流过电压保护，带时限动作于停机。

（5）配置直流过载保护，当光伏阵列输出的功率超过逆变器允许的最大直流输入功率时，逆变器将会限流工作在允许的最大交流输出功率处，经一定延时后动作于停机。

（6）配置直流极性误接保护，当光伏方阵线缆的极性与逆变器直流侧接线端子极性接反时，逆变器能保护不至损坏。极性正接后，逆变器能正常工作。

（7）配置反充电保护，当逆变器直流侧电压低于允许工作范围或逆变器处于关机状态时，逆变器直流侧无反向电流流过。

（8）配置其他在系统发生故障或异常运行时保护设备安全的保护功能。

2. 箱式变压器保护

一般 35kV 箱式变压器配置全范围一体式高压限流熔断器，可在箱式变压器内部故障、过负荷及油面降低时熔断。

3. 汇集线路保护

（1）每回汇集线路在汇集母线侧配置一套线路保护。线路保护应包含分相电流差动保护、距离保护、零序电流保护等功能。

（2）对于相间短路，配置阶段式过电流保护，还宜选配阶段式相间距离保护。

（3）中性点经低电阻接地系统，配置反应单相接地短路的两段式零序电流保护，动作于跳闸。

（4）零序电流取自专用零序电流互感器。

（5）线路保护能反应保护线路的各种故障及异常状态，能满足就地开关柜分散安装的要求，也能组屏安装。

4. 汇集母线保护

（1）母线保护具有差动保护、分段充电过电流保护、分段死区保护、电流互感器（TA）断线判别、抗 TA 饱和、TV 断线判别等功能。

（2）母线保护具有复合电压闭锁功能。

（3）母线保护允许使用不同变比的 TA，通过软件自动校正，并能适用于各支路 TA 变比最大相差 10 倍的情况。

（4）母线保护具有 TA 断线告警功能，除母联（分段）TA 断线不闭锁差动保护外，其余支路 TA 断线后均闭锁差动保护。

（5）母线保护能自动识别分段断路器的充电状态，合闸于死区故障时，瞬时跳分段断路器。

（6）母线保护具有其他保护动作联跳功能，用以切除与本母线相连的所有断路器。

（7）母线保护各支路宜采专用 TA 绕组，TA 相关特性一致。

5. 升压变压器保护

220kV 及以上电压等级变压器按双重化原则配置主、后备一体的电气量保护，同时配置一套非电量保护；110kV 电压等级变压器配置主、后备一体的双套电气量保护或主、后备独立的单套电气量保护，同时配置一套非电保护；35kV 电压等级变压器配置单套电气量保护，同时配置一套非电量保护。保护能反应被保护设备的各种故障及异常状态。

（1）电气量主保护满足以下要求。

1）配置纵差保护。

2）除配置稳态差动保护外，可配置不需整定能反映轻微故障的故障分量差动保护。

3）纵差保护能适用于区内故障且故障电流中含有较大谐波分量的情况。

4）主保护采用相同类型电流互感器。

（2）220kV 及以上电压等级变压器高压侧配置一段带偏移特性的阻抗（含相间、接地）保护，设两个时限，第一时限跳高压侧母联（分段）断路器、第二时限跳各侧断路器；配置二段式零序电流保护，第一段设两个时限，第一时限跳高压侧母联（分段）断路器、第二时限跳各侧断路器，第二段不带方向，延时跳各侧断路器。可根据需要配置一段式复压闭锁过电流保护，延时跳各侧断路器。

（3）110kV 变压器高压侧配置一段式复压闭锁过电流保护，第一时限跳高压侧母联（分段）断路器、第二时限跳各侧断路器；配置二段式零序电流保护，第一段设两个时限，第一时限跳高压侧母联（分段）断路器、第二时限跳各侧断路器，第二段不带方向，延时跳各侧断路器。

（4）容量在 10MVA 及以上或有其他特殊要求的 35kV 变压器配置电流差动保护作为主保护，其余情况在高压侧配置二段式过电流保护。过电流保护第一段设两个时限，第一时限跳高压侧母联（分段）断路器、第二时限跳各侧断路器，第二段设一个时限跳各侧断路器。

（5）变压器低压侧配置二段式过电流保护，第一段延时跳本侧断路器，第二段延时跳各侧断路器；配置一段复压闭锁过电流保护，延时跳各侧断路器。

（6）带平衡绕组变压器低压侧除配置过电流保护外，还需配置二段式零序电流保护，不带方向，作为变压器单相接地故障的主保护和系统各元件接地故障的总后备保护。低压侧过电流及零序电流保护延时动作跳变压器各侧断路器，同时切除所接汇集母线的所有断路器。零序电流保护的零序电流取自中性点零序 TA。

（7）阻抗保护具备振荡闭锁功能。

（8）配置间隙电流保护和零序电压保护。间隙电流取中性点间隙专用 TA，间隙电压取变压器本侧 TV 开口三角电压或自产电压。

（9）配置过负荷保护，过负荷保护延时动作于信号。

（10）330kV 及以上电压等级变压器高压侧配置过励磁保护，保护能实现定时限告警和反时限特性功能，反时限曲线与变压器过励磁特性匹配。

（11）变压器非电量保护设置独立的电流回路和出口跳闸回路，且必须与电气量保护完全分开。220kV 及以上电压等级变压器电气量保护启动失灵保护，并具备解除失灵保护的复压闭锁功能；非电量保护及动作后不能随故障消失而立即返回的保护不启动失灵保护。

（12）变压器间隔断路器失灵保护动作后通过变压器保护跳各侧断路器。

（13）非电量保护满足以下要求。

1）非电量保护动作后有动作报告。跳闸类非电量保护，启动功率大于5W，动作电压在 $55\%\sim70\%$ 额定电压范围内，额定电压下动作时间为 $10\sim35$ms，具有抗 220V 工频干扰电压的能力。

2）变压器本体宜具有过负荷启动辅助冷却器功能，变压器保护可不配置该功能。

3）变压器本体宜具有冷却器全停延时回路设计，变压器保护可不配置该延时功能。

（14）变压器保护各侧 TA 变比，不宜使平衡系数大于10。

（15）变压器低压侧外附 TA 宜安装在低压侧母线和断路器之间。

6．无功补偿设备保护

（1）电抗器保护。

1）配置电流速断保护作为电抗器绕组及引线相间短路的主保护。

2）配置过电流保护作为相间短路的后备保护。

3）对于低电阻接地系统，还应配置两段式零序电流保护作为接地故障主保护和后备保护，动作于跳闸。

4）SVC 中晶闸管控制电抗器支路配置谐波过流（包含基波和 11 次及以下谐波分量）保护作为设备过载能力保护。

（2）电容器保护。

1）配置电流速断和过电流保护，作为电容器组和断路器之间连接线相间短路保护，动作于跳闸。

2）配置过电压保护，过电压元件（线电压）采用"或"门关系，带时限动作于跳闸。

3）配置低电压保护，低电压元件（线电压）采用"与"门关系，带时限动作于跳闸。

4）配置中性点不平衡电流、开口三角电压、桥式差电流或相电压差动等不平衡保护，作为电容器内部故障保护。三相不平衡元件采用"或"门关系，带时限动作于跳闸。

5）SVC中滤波器支路配置谐波电流保护（包含基波和11次及以下谐波分量）作为设备过载能力保护。

6）对于低电阻接地系统，还配置二段式零序电流保护作为接地故障主保护和后备保护，动作于跳闸。

（3）SVG变压器保护。

1）容量在10MVA及以上或有其他特殊要求的SVG变压器配置电流差动保护作为主保护。

2）容量在10MVA以下的SVG变压器配置电流速断保护作为主保护。

3）配置过电流保护作为后备保护。

4）配置非电量保护。

5）对于低电阻接地系统，高压侧还配置两段式零序电流保护作为接地故障主保护和后备保护。

7．汇集母线分段断路器保护

配置具有瞬时和延时段三相充电过电流保护。

8．站用变压器保护

（1）容量在10MVA及以上或有其他特殊需求的变压器配置电流差动保护作为主保护。

（2）容量在10MVA以下的变压器配置电流速断保护作为主保护。

（3）配置过电流保护作为后备保护。

（4）配置非电量保护。

（5）对于低电阻接地系统，高压侧还配置两段式零序电流保护作为接地故障主保护和后备保护。

9．接地变压器保护

（1）接地变压器电源侧配置电流速断保护、过电流保护作为内部相间故障的主保护和后备保护。

（2）配置二段式零序电流保护作为接地变压器单相接地故障的主保护和系统各元件单相接地故障的总后备保护。

（3）在汇集母线分段断路器断开情况下，接地变压器电流速断保护、过电流及零序电流保护动作跳所接母线的所有断路器。

（4）在汇集母线分段断路器并列情况下，接地变压器电流速断保护、过电流保护及零序电流保护除跳所接母线的所有断路器外，还跳另一条母线的所有断路器。

（5）配置非电量保护。

（6）电流速断及过电流保护采取软件滤除零序分量的措施，防止接地故障时保护误动作。

（7）零序电流保护采用接地变压器中性点回路中的零序电流。

10．单元变压器保护

（1）光伏单元变压器采用可靠的保护方案，确保变压器故障的快速切除。

（2）单元变压器高压侧未配有断路器时，其高压侧可配置熔断器加负荷开关作为变压器的短路保护，校核其性能参数，确保满足运行要求；单元变压器高压侧配有断路器时，配置变压器保护装置，具备完善的电流速断和过电流保护功能。

（3）光伏单元变压器低压侧设置空气断路器时，可通过电流脱扣器实现出口至变压器低压侧的短路保护。

（4）独立配置保护装置时，保护装置电源宜取自逆变器室工作电源，并具备可靠的备用电源。

（5）光伏单元变压器配置非电量保护。

11．小电流接地故障选线装置

（1）汇集系统中性点经消弧线圈接地的升压变电站按汇集母线配置小电流接地故障选线装置。

（2）在汇集系统发生单相接地时，选线准确。在系统谐波含量较大或发生铁磁谐振接地时不误报、误动。

（3）具备在线自动检测功能，在正常运行期间，装置中单一电子元件（出口继电器除外）损坏时，不造成装置误动作，且发出装置异常信号。

（4）具备跳闸出口功能，在发生单相接地故障时快速切除故障线路，若不成功，则通过跳开升压变压器各侧断路器方式隔离故障。

（5）汇集线路配置专用的零序 TA，供小电流接地故障选线装置使用。

12．故障录波器

（1）接入 66kV 及以上电压等级的大、中型光伏电站应装设专用故障记录装置。

（2）升压变电站配置线路故障录波器和变压器故障录波器，动态无功补偿设备宜配置专用故障录波器。故障录波器数量根据现场实际情况配置。

（3）升压变电站汇集系统运行信息，如汇集母线电压、汇集线路电流、无功补偿设备交流量、保护动作信息等接入站内故障录波器。

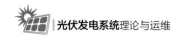

（4）故障录波器具备远传功能，并满足二次系统安全防护要求。

（5）故障录波器能记录故障前 10s 至故障后 60s 的电气量数据，暂态数据记录采样频率不小于 4000Hz，并能够与电力调度部门进行数据传输。

第三节　光伏发电站典型安全自动装置

一、光伏发电站典型安全自动装置概述

光伏发电站配置的安全自动装置主要有安全稳定控制装置、自动重合闸、备用电源自动投入装置三种。一般情况下，光伏电站均应配置安全稳定控制装置和自动重合闸装置，备用电源自动投入装置视具体接线形式配置。

（一）安全稳定控制装置

电力系统的运行状态可以分为正常状态和异常状态两种。正常状态又可分为安全状态和异常状态，异常状态又分为紧急状态和恢复状态。电力系统的运行包括了所有这些状态及其相互间的转移。

电力系统的预防控制、紧急控制和恢复控制总称为安全控制。安全控制是维护电力系统安全运行所不可缺少的。随着电力系统的发展扩大，对安全控制提出了越来越高的要求，安全控制成为电力系统控制和运行的一个极其重要的课题。

一般情况下，电力系统安全稳定控制装置主要用于区域电网及大区互联电网的安全稳定控制，尤其适合广域的多个场站的暂态稳定控制，实现对整个区域的统一控制。当多个安全稳定控制装置互相连接、相互配合，共同发挥作用时，形成了区域安全稳定控制系统。安全稳定控制系统的主要功能有：

（1）接入安全稳定控制系统的线路发生故障跳闸、单相故障、相间故障、断线故障时执行切机、切负荷、解列部分电网等稳定控制功能。

（2）接入安全稳定控制系统的线路发生过负荷、超静稳控制极限时，执行切机、切负荷功能，主变压器过负荷时执行切负荷功能。

（3）接入安全稳定控制系统的发电机组发生跳闸、失磁等故障时，执行切负荷功能。

（4）配置区域稳控装置的部分变电站、电厂在发生持续低电压时，执行切负荷功能。重要断面断开时执行切机、切负荷功能。

（二）自动重合闸装置

当断路器因故障跳开后，能够不用人工操作而很快使断路器自动重新合闸的一种自动装置称为自动重合闸装置，目前主要用于线路保护或断路器保护。电力系统采用自动

重合闸装置有两个目的：①输电线路的故障大多数为瞬时故障，因此在线路被断开后，再进行一次重合闸就可能恢复供电；②保证系统稳定，根据系统实际情况，通过稳定计算，选择合适的重合闸方式，收到了良好的效果。

自动重合闸装置的作用有以下三点：

（1）对瞬时性的故障可迅速恢复正常运行，提高了供电可靠性，减少了停电损失。

（2）对由于继电保护误动、工作人员误碰断路器操动机构、断路器操动机构失灵等原因导致的断路器的误跳闸可用自动重合闸补救。

（3）提高系统并列运行的稳定性。重合闸成功以后系统恢复原来的网络结构，加大了功角特性中的减速面积，有利于系统恢复稳定运行。也可以说，在保证稳定运行的前提下，采用重合闸提高了输电线路的输送容量。

当然应该看到，如果重合到永久性故障的线路上，系统将再一次受到故障的冲击，对系统的稳定运行是很不利的。但是，因为输电线路上瞬时性故障的概率很高，所以在中、高压的架空输电线路上除某些特殊情况外普遍都使用自动重合闸。

输电线路自动重合闸在使用中有三相重合闸方式、单相重合闸方式、综合重合闸方式和重合闸停用方式四种。在 110kV 及以下电压等级的输电线路上，大多数都是三相操动机构的断路器，无法分相跳、合闸，因此这些电压等级中的自动重合闸采用三相重合闸方式，按照三相一次重合闸设计。在 220kV 及以上电压等级的输电线路上都是分相操动机构的断路器，其三相是独立的，可以进行分相跳、合闸，因此这些电压等级中的自动重合闸可以由用户选择重合闸方式，以适应各种需要。

对于三相重合闸，根据其判据的不同，可分为检无压、检同期和重合不检三种方式。检无压方式即线路断路器跳开后，重合闸先检测线路是否无电压，确定无电压后再重合；检同期即线路断路器跳开后，重合闸先检测两侧设备（线路和母线）是否满足同期条件，若满足同期条件，则重合闸，主要用于两个系统的并列；重合不检即线路断路器跳闸后，重合闸不再进行判断，达到动作时间时直接重合。

（三）备用电源自投装置

当工作电源因故障被断开后，能自动、迅速地将备用电源投入工作，保证用户连续供电的装置称为备用电源自动投入装置，简称备自投装置。备自投装置主要用于 110kV 及以下的中、低压电网，是保证电力系统连续可靠供电的重要设备之一。备自投装置如果动作正确，就能在工作电源因故障断开后，自动、迅速地投入备用电源，保证电力系统不间断供电，从而提的供电可靠性；反之，就会导致电力系统供电中断，给用户造成经济损失，也给电力系统造成不良的社会影响，带来经济损失。

采用备自投装置有以下优点：

（1）提高供电的可靠性，节省建设投资。

（2）简化继电保护。采用了备自投装置后，环形供电网络可以开环运行，变压器可以分裂运行，在保证供电可靠性的前提下，可以简化继电保护装置。

（3）限制短路电流、提高母线残余电压。

（4）受端变电站中，如果采用环网开环运行和变压器分裂运行，将使短路电流受到一些限制，供电母线上的残余电压相应也提高一些，有利于系统运行。

（5）在某些场合，由于短路电流受到限制，不需重再装出线电抗器，从而节省了投资。

对于发电厂厂用电系统，由于其故障引起的后果严重，必须加强厂用电的供电可靠性。若采用环网供电往往使厂用电系统的运行及其继电保护装置更加复杂化，容易造成事故，因而多采用辐射型供电网络。为了提高其供电可靠性，往往采用备自投装置。

备自投装置从其电源备用方式上可以分成明备用和暗备用两大类。明备用是指在正常情况下有明显断开的备用电源或备用设备，即装设有专用的备用电源或备用设备。暗备用是指在正常情况下没有明显断开的备用电源或各用设备，如分段母线间利用分段断路器取得相互备用。

备自投装置根据不同的需要，存在多种自投方式。典型的备自投方式主要有备分段断路器和备进线开关两种。

（1）备分段断路器即正常运行时分段断路器断开，两侧母线分裂运行，当一侧母线上的电源线路发生故障，线路断路器跳开后，备自投装置动作合上分段断路器，由另一侧正常运行母线带故障侧负荷。

（2）备进线开关即正常运行时两段母线上的负荷由一段母线上的电源线路带，另一段母线上的电源线路开关断开；当带负荷电源线路故障，本线路开关跳开后，备自投装置动作合上另一段母线上的电源进线开关，将负荷转移至正常运行线路。

二、 光伏发电站典型安全自动装置配置原则

（一）安全稳定控制装置配置原则

安全稳定控制装置的配置应满足电力系统同步运行稳定性分级标准的要求，按照统一规划、统一设计，与电厂及电网输变电工程同步建设原则，建立起保证系统稳定运行的可靠防线。

光伏电站安全稳定控制装置应具备以下功能：

（1）将本地可切光伏机组量汇集后上送控制主站。

（2）接收控制主站发送来的切除光伏机组的命令。

（3）切除光伏机组的原则：当要切量小于本站可切机组量时，按照各站可切量的大小分配切机量。当需要切除输出功率大于本站可切机组输出功率时，解列相关稳控执

行站。

（4）既是光伏汇集站又是稳控执行站的光伏电站，还应具备切除就地光伏进线的功能。

（二）自动重合闸配置原则

自动重合闸的配置主要由电力系统的网架结构、电压等级、系统稳定要求、负荷状况、线路装设的继电保护装置及断路器性能，以及其他技术经济指标等因素决定。其配置原则如下：

（1）1kV 及以上架空线路及电缆与架空混合线路，在具有断路器的条件下，当用电设备允许且无备用电源自动投入时，应装设自动重合闸装置。

（2）旁路断路器和兼作旁路的母联断路器或分段断路器，应装设自动重合闸装置。

（3）低压侧不带电源的降压变压器，可装设自动重合闸装置。

（4）必要时，母线故障也可以用自动重合闸装置。

（5）对母线接线形式为双母线的（含单母线、单母分段、双母单分段、双母双分段），自动重合闸装置应配置在线路保护中；对母线接线形式为 3/2 接线的，自动重合闸装置应配置在断路器保护中。

总结多年来自动重合闸运行的经验可知，线路自动重合闸的配置和选择应根据不同系统结构、实际运行条件和规程要求具体确定。一般在选择自动重合闸类型时可考虑以下几方面：

（1）110kV 及以下单侧电源线路一般采用三相一次重合闸装置。

（2）220、110kV 及以下双电源线路用合适方式的三相重合闸能满足系统稳定和运行要求时，一般可采用三相自动重合闸。

（3）双电源 220kV 及以上电压的单回联络线，适合采用单相重合闸。

（4）主要的 110kV 双电源单回路联络线，采用单相重合闸对电网安全运行效果显著时，可采用单相重合闸。330～750kV 线路，一般情况下应装单相重合闸装置。

（5）在带有分支的线路上使用单相重合闸时，分支线侧是否采用单相重合闸，应根据有无分支电源，以及电源大小和负荷大小确定。

对于光伏电站，上网线路应配置自动重合闸，220kV 及以上线路采用单相重合闸，110kV 及以下线路采用三相一次重合闸，重合闸投退方式根据实际情况确定；汇集线路可不配置自动重合闸，一般情况下，汇集线路重合闸整定为停用方式。

对于三相一次重合闸方式的选取，一般应遵循以下原则：

（1）单端电源线路，电源侧采用检无压方式，负荷侧采用重合不检方式，动作时间与电源侧重合时间配合。

（2）双端电源线路，潮流流出侧采用检无压方式，对侧采用检同期方式，一般两侧

113

动作时间整定为相同值。

（3）纯电缆线路，重合闸不投。

（4）电缆、架空混合线路，视电缆部分线路长度确定重合闸投退。一般情况下，当电缆线路长度超过总长度的30％时，重合闸不投。

（5）单回线路上网的电厂送出线路，重合闸不投。

（6）用户有特殊需要时，相关线路重合闸不投。

（三）备用电源自动投入装置配置原则

根据 GB 14285—2023《继电保护和安全自动装置技术规程》要求，下列情况应装设备用电源自动投入装置（简称备自投）：

（1）装有备用电源的发电厂厂用和变电站站用电源。

（2）由双电源供电，其中有一个电源经常断开作为备用的变电站。

（3）降压变电站内有备用变压器或有互为备用的母线段。

（4）有备用机组的某些重要辅机。

从以上的规定可以看出，装设备自投装置的基本条件是在供电网、配电网中（非环网运行方式），有两个以上的电源供电，工作方式为一个为主供电源，另一个为备用电源（明备用），或两个电源各自带部分负荷，互为备用（暗备用）。

综上所述，对于有两路厂用电且一主一备或互为备用、汇集线路分别通过不同母线段，且母线段分裂运行的光伏电站，应配置备自投装置。

备自投装置动作应考虑动作后负荷情况是否满足稳定性要求，如负荷过大，影响系统稳定，或无法满足电动机自启动的要求时，应采取必要的措施。保护设置与整定时，应考虑备自投装置投到故障设备上能瞬时切除故障。对备自投装置的基本要求可归纳如下：

（1）应保证在工作电源和设备确实断开后，才投入备用电源或备用设备。这一要求的目的是防止将备用电源或备用设备投入到故障元件上，造成备自投失败，甚至扩大故障，加重损坏设备。解决上述问题的方法是，由供电元件受电侧断路器的动断辅助触点启动备用电源或设备的断路器合闸部分。

（2）无论因何种原因工作母线和设备上的电压消失时，备自投装置均应动作。为了满足这一要求，备自投装置在工作母线上应设有独立的低电压启动部分，并设有备用电源电压监视继电器。

（3）备自投装置应保证只动作一次。当工作母线或者引出线发生永久性短路故障，且未被其断路器切除时，由于工作母线电压降低，备自投装置动作，第一次将备用电源或设备投入，由于故障仍然存在，继电保护装置将动作断开备用电源或备用设备，此后不允许再次投入备用电源，以免多次投入对系统造成不必要的再次冲击。为满足这一要求，控制备用电源或备用设备断路器的合闸脉冲应只动作一次。

（4）备自投装置应设有备用母线电压监视继电器，确保电力系统内部故障使工作电源和备用电源同时消失时，备自投装置不动作。

（5）当备自投装置动作时，如果将备用电源或设备投于永久性故障，应使保护加速动作。

（6）备自投装置的动作时间的设置应以负荷停电时间尽可能短为原则。对于用户来说，停电时间越短，越有利于用户电动机的自启动。但当工作母线上装有高压、大容量电动机时，工作母线停电后因电动机反送电，使工作母线残压较高，投入备用电源时，如果备用电源电压和电动机残压之间的相角差较大，将会产生很大的冲击电流而损坏电动机，因此备自投装置动作时间不能太短。运行经验表明，在有高压大容量电动机的情况下，备自投装置的动作时间以 $1\sim1.5s$ 为宜，低电压场合可减小到 $0.5s$。

（7）低压启动部分电压互感器二次侧熔断器熔断时，备自投装置不应动作。防止其误动作的措施是：低电压启动部分采用两个低电压继电器，其触点串联。

（8）有电厂并网的变电站备自投装置原理上应具备防止非同期合闸的措施，即具备自投装置启动联跳电厂线开关或检无压合闸回路的条件。

第四节　光伏发电站继电保护专业管理

一、专业管理目标和任务

（一）专业管理的目标

作为电网安全稳定运行的第一道防线，继电保护专业管理的目标就是：坚持"安全第一、预防为主"的方针，按照电力生产、基建和技改工程的要求，精心计算，精心整定、精心运行，杜绝继电保护误整定事故的发生，杜绝由于继电保护原因引起电网稳定破坏和大面积停电事故的发生，杜绝原因不明的继电保护不正确动作，杜绝因继电保护装置拒动而导致事故扩大，努力减少继电保护装置不正确动作情况的发生，以及不断提升专业人员技术水平，持续夯实专业安全基础，充分发挥电网安全小护卫的职责，共同打造安全、高效的智能电网。

（二）专业管理的任务

继电保护装置是保障电力系统安全和防止电力系统长时间、大面积停电的最基本、最重要、最有效的技术手段，因此必须要加强继电保护专业管理，不断提升继电保护装置运行管理和技术管理水平，提高工作效率，保障继电保护装置安全、可靠运行。

继电保护专业管理的基本任务是：按照继电保护全过程管理工作要求，以保证继电保护正确动作为核心，规划、设计、物资、基建、生产、调度、运行维护等单位和部门在继电保护全过程管理的各环节中各司其职、各负其责，共同做好规划设计、设备选型及工程建设、安装调试、验收投产、调度运行、维护检验、技术改造、涉网管理、装置入网管理等方面的全过程管理工作。

继电保护的全过程管理包括对继电保护的规划、设计、设备招（投）标、基建（安装调试）、验收、整定计算、运行维护、设备入网、反事故措施、技术改造、并网电厂及高压用户涉网部分的管理，以及并网电厂、用户内部设备的自行管理，涵盖了继电保护的全周期全寿命管理。继电保护事故隐患排查治理是落实继电保护全过程管理要求，预防事故的重要手段。继电保护全过程各环节的管理隐患和设备隐患均应纳入事故隐患排查治理闭环管理。

根据全过程管理各环节、不同单位和部门的职责分工，继电保护专业管理的具体任务有以下十点：

（1）规划部门及相关单位应开展好电网继电保护系统规划编制、滚动修订及工程可行性研究等相关工作，确保设计方案满足继电保护相关规程、规范、标准。

（2）物资管理部门及相关单位应组织好继电保护设备招标及采购供应相关工作。

（3）基建管理部门及相关单位应做好新建、扩建工程的建设管理、工程初步设计和施工设计相关工作，对各参建单位实施监督管理，保证建设质量及设计方案满足继电保护相关规程、规范、标准。

（4）生产管理部门及相关单位应做好继电保护设备验收、运行、维护、检验管理及大修、技术改造管理工作，确保继电保护设备健康运行、及时改造。

（5）电网调度机构应做好继电保护专业管理及全过程技术监督，及时开展继电保护技术标准、规程规定和反事故措施的制定、修订，对继电保护全过程各环节的标准制定、执行落实提供技术支持，对并网电厂及高压用户的继电保护管理进行专业指导，对继电保护事故隐患排查治理实施技术监督，督促、协调继电保护事故隐患责任部门和单位履行排查治理职责，并提供技术支持。

（6）安全监察部门及相关单位做好继电保护全过程管理的安全监督，督促、协调继电保护事故隐患责任主体部门和单位履行排查治理职责，并按规定进行考核。

（7）建设管理单位应组织好继电保护工程设计、安装调试、验收投产及继电保护设备供货技术协议签订、设计联络会、图纸资料移交等相关工作，确保工程质量和施工安全。

（8）设计单位应做好所承担的电网继电保护系统规划编制、继电保护可行性研究设计、初步设计、施工图设计及设计更改，按规定提供继电保护施工图、竣工图，确保继电保护工程设计满足相关规程、规范、标准。

（9）安装调试单位应做好工程项目继电保护安装调试工作，确保基建工程继电保护调试结果满足现行规程及功能配置要求；做好安装调试期间继电保护现场安全措施的制定和落实，确保现场作业安全。

（10）运行维护单位应做好继电保护设备运行、维护、检验管理及大修、技术改造计划的编制、申报和项目实施，对基建、技改工程继电保护设计、安装、调试工作进行现场验收，确保继电保护验收质量；组织编写继电保护现场运行规定，并对运行人员进行培训。

二、 专业管理主要内容

（一）专业管理的一般原则

为提高继电保护装置的安全运行管理水平、维护检修管理水平，降低设备事故发生的概率，各部门、各单位继电保护人员应遵循以下原则开展专业管理工作。

（1）各相关部门、单位及机构按照各自专业管理任务各司其职、各负其责，共同做好继电保护专业管理工作。

（2）继电保护装置运行管理工作遵循"统一领导、分级管理"的原则，电网调度部门负责继电保护全过程管理工作，光伏电站继电保护管理人员负责站内继电保护装置及相关设备的日常维护、定期检验、输入定值、反措执行、技术改造、缺陷处理和新装置投产验收工作，光伏电站现场检修人员负责继电保护装置的正常维护、定期检验、技术改造实施、反事故措施执行等工作，光伏电站运行人员负责继电保护设备日常运行巡视及操作工作。

（二）继电保护定值管理

继电保护定值管理包括定值计算管理、定值单管理和定值核对管理三个方面，这三个方面是一个有机的整体，只有做好各方面工作，才能确保不发生误整定事故。继电保护定值管理的具体内容如下：

（1）各单位应按照调管范围、产权分界点开展继电保护定值计算工作，对光伏电站并网线路、高压母线等涉网设备保护定值，由电网企业统一计算下发；主升压变压器及汇集母线、汇集线路等低压设备保护定值，由光伏企业自行计算下发，并按照调管范围报相关电网调度机构备案。

（2）各级继电保护部门、各单位间保护装置整定范围的划分，以书面形式明确责任分工，同时明确整定界面上的定值限额和等值阻抗（包括最大、最小正序、零序等值阻抗）。界面定值限额需要变更时，事先向对方提出，原则上局部服从全局和可能条件下全局照顾局部，经双方协商取得一致后，方可修改，并书面明确，同时报送上级继电保护部门备案。

（3）电网、用户双方或者不同电网之间的界面定值，应当兼顾电网运营者和电网使用者双方的利益。发生争议时，各方应当协商解决，协商时按照局部利益服从整体利益、低压电网服从高压电网，以及技术、经济合理的原则处理。

（4）光伏企业应设定专人负责继电保护整定计算及定值管理工作，若该项业务外委，则外委单位应具备相应资质。

（5）光伏企业应执行国家及电力行业有关规程制度，及时开展站内新、改、扩建继电保护设备的定值整定，并按要求于新设备投运前将正式定值报省调度机构备案。整定计算必须保留中间计算过程，妥善保管整定书，以便日常运行或事故处理时核对。整定计算结束后，需经专人全面复核，以保证整定计算的原则合理、定值计算正确。编制定值通知单时，注明定值单编号、编发日期、限定执行日期和作废的定值通知单等。

（6）调度机构下发的定值变更后，现场运行人员应主动与调度值班员核对定值，并在整定单上记录核对人员姓名、核对日期。光伏企业负责整定计算的保护定值变更后，企业内部也应严格履行核对手续。

（7）光伏企业应严格按照定值通知单要求设定保护装置定值，并进行定值核对。如有疑问主动及时联系定值计算人员，涉网部分应同时向相应调度运行值班人员汇报，由整定计算人员负责定值调整，现场试验人员做好记录。定值设定工作结束后，在定值通知单上签字并移交现场运行部门。

（8）光伏企业应按照电网调度机构下发的综合阻抗及时开展站内设备定值复算，对需要修改运行定值的应及时安排，并按要求将复核后定值报送调度部门备案。

（9）光伏企业应规范开展内部保护定值及校核工作，形成整定方案和定值单，正式定值应执行审核、批准、签章流程。

（10）光伏企业应每半年开展一次运行定值与最新定值核对工作，核对应至少两人同时开展，一人核对、另一人复核，并做好相关核对记录，及时打印并留存装置定值清单。

（11）光伏企业应规范整定方案、定值单、核对及定值修改记录、打印定值清单等资料管理，确保分层分类规范保存，定值修改后及时替换，并确保变电站现场有留存。

（三）继电保护设备管理

继电保护设备管理包括装置检验管理、备品备件管理、技术改造管理等方面，具体管理内容如下。

1. 装置检验管理

现场设备检验直接操作继电保护设备，是继电保护管理过程中安全风险最高的一个环节，因此切实开展好检验管理工作，是继电保护专业管理的重点之一。装置检验管理具体内容如下：

（1）继电保护及安全自动装置校验按照相关规程开展，并尽量结合一次设备检修进行，特殊情况下的临检工作提前办理临检审批手续。

（2）在下列检修作业情况下应停用整套微机继电保护装置。

1）微机继电保护装置使用的交流电压、交流电流、开关量输入、开关量输出回路作业。

2）装置内部作业。

3）继电保护人员输入定值影响装置运行时。

（3）继电保护及安全自动装置检修时，退出整套装置或相关功能。对一次设备仅配置单套继电保护装置的，同时停运相关一次设备，否则采取相应措施。严禁带电设备无保护运行。

（4）继电保护设备检修时，现场人员在做好现场相关安全措施的情况下，可根据工作需要自行改变被检继电保护设备的状态。

（5）无论继电保护检修工作是否停电，现场工作人员和运行值班人员均应做好防止运行中设备跳闸的措施。

（6）继电保护检修工作涉及改变其他运行设备继电保护运行方式时，工作负责人在进行工作申请时需提前向发电厂、变电站当值值班员提出，当值值（班）长向调度申请工作时一并说明。

（7）新安装、全部和部分检验的重点放在微机继电保护装置的外部接线和二次回路。

（8）在继电保护装置及二次回路上工作前，应按照电网调度机构下发的继电保护工作标准化管理程序及作业指导书要求执行相关工作。对继电保护装置进行计划性检验前，编制继电保护标准化作业指导书；检验期间认真执行继电保护标准化作业指导书，不得随意减少检验项目和简化安全措施。

（9）继电保护装置检验时，应认真执行有关继电保护装置检验规程、反事故措施和现场工作保安规定。

（10）进行微机继电保护装置的检验时充分利用其自检功能，主要检验自检功能无法检测的项目。

（11）对运行中的微机继电保护装置外部回路接线或内部逻辑进行改动工作后，经试验，确认接线及逻辑回路正确后，才能投入运行。

（12）当继电保护装置的交流回路发生变动后，必须用一次负荷电流及工作电压检验和判定回路的正确性。未判定正确前，采取措施确保故障能够快速切除。

（13）当多个装置共用电流或电压互感器同一组二次绕组时，在其中任一装置（回路）上工作，要防止相关运行设备误跳闸。在"和电流"回路上工作时，还应做好相防

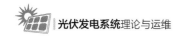

范措施。

（14）逆变电源的检查按照 DL/T 995—2016《继电保护和电网安全自动装置检验规程》的规定执行。

（15）微机继电保护装置检验时应做好记录，检验完毕后向运行人员交代有关事项，及时整理检验报告，保留好原始记录。

（16）运行中的装置做改进时，应有书面改进方案，按管辖范围经继电保护主管部门批准后方允许进行。改进后做相关试验，及时修改图样资料并做好记录。

（17）继电保护检修工作结束前，工作负责人向当值值班员认真交代有关注意事项。设备投运前，当值值班人员详细检查保护装置、智能终端、合并单元、功能把手（插销）、连接片、自动空气断路器位置正确，所拆二次线恢复到工作前接线状态，对纵联保护和远跳保护，还需观察或进行通道信号测试，确保保护通道处于完好状态。设备加运后，当值值班人员联合现场工作人员对作业设备运行情况进行检查，并督促相关人员及时处理发现的异常。

（18）现场继电保护工作结束，工作负责人应认真填写现场工作记录，向当值值班员明确保护装置是否存在缺陷、能否投入运行等结论；继电保护及相关设备异常，当值值班员立即进行必要的检查、分析，确定该保护装置或保护功能是否已失效，并及时向相关调控部门汇报，必要时申请相关设备退出运行。

（19）检验所用仪器、仪表由检验人员专人管理，特别注意防潮、防振。仪器、仪表保证误差在规定范围内。使用前熟悉其性能和操作方法，使用高级精密仪器一般应有人监护。

2. 备品备件管理

继电保护备品备件管理包括储备管理、储存管理和使用、报废管理等方面，具体内容如下。

（1）光伏企业应储备必要的继电保护装置备用插件，备用插件宜与微机继电保护装置同时采购。备用插件视同运行设备，保证其可用性。储存有集成电路芯片的备用插件，有防止静电措施。

（2）每年 12 月底，光伏企业应开展备品备件统计和评估，做好下一年度备用插件需求计划，并及时采购。

（3）备用插件由运行维护单位保管。

3. 技术改造管理

（1）光伏企业产权的继电保护设备达到运行年限或运行不稳定、存在无法消除的缺陷、不满足相关反事故措施要求时，应及时安排改造，确保装置运行健康、稳定。

（2）当上网线路保护装置需要改造时，应及时协调线路对侧设备产权所属的电网企业，同步实施改造工作。

（3）当改造需要停运一次或二次设备时，对电网调度机构调管设备，应提前申请，由调度机构批准后列入检修计划，调度下令操作停运设备；对光伏企业自行调管、电网调度机构间接调管设备，应提前上报调度同意后，自行操作停运设备。

（4）继电保护设备的技术改造，当需要调整定值时，应及时汇报相应调度机构，按要求开展定值计算及报备工作。

本　章　小　结

本章从光伏发电站二次系统（继电保护与安全自动装置）的技术要求入手，分别讨论了继电保护与安全自动装置的原理与配置。最后详细论述了光伏电站二次专业管理目标任务及主要内容，为相关从业人员提供了理论与技术指导。

第六章　光伏发电站并网运行技术

第一节　一般要求

一、基本规定

光伏发电站应满足 GB/T 19964—2024《光伏发电站接入电力系统技术规定》的要求。接入配电网的光伏发电站应满足 Q/GDW 1480—2015《分布式电源接入电网技术规定》的要求,并具备由相应资质的单位或机构出具的测试报告,测试项目和测试方法应符合 Q/GDW 666—2011《分布式电源接入配电网测试技术规范》的规定。

光伏发电站采用的所有逆变器均应通过电能质量、有功(无功)功率调节能力、低电压穿越能力、电网适应性检测和电气模型验证。

光伏发电站接入配电网前需要签订并网调度协议和(或)发用电合同。接入 10kV 及以上电压等级电网的光伏发电站需要签订并网调度协议和发用电合同。接入 220、380V 电压等级电网的光伏发电站只需签订供用电合同即可。

二、并网开关

接入 10(6)～35kV 配电网的光伏发电站,并网点应安装易操作、可闭锁、具有明显开断点、可开断故障电流的开断设备,应能够就地或远方操作,电网侧应带接地功能。

接入 220、380V 配电网的光伏发电站,并网点应安装易操作、具有明显开断指示、可开断故障电流的并网专用开断设备,应能够就地或远方操作;并网专用开断设备还应具有失电压跳闸和有压合闸功能。

出于检修安全的考虑,接入 10(6)～35kV 配电网的光伏发电站,并网点开断设备电网侧应带接地功能;考虑目前开断设备通常具有"五防"功能,若光伏发电站并网点开断设备没有防误操作闭锁功能,则将并网点开断设备更换为具有防误操作闭锁功能的开关。

三、 接入管理

对于接入 10 (6) ～35kV 电压等级电网的光伏发电站，应以三相平衡方式接入。

对于接入低压配电网的光伏发电站，可以三相平衡方式接入，也可以单相接入，但无论以何种方式接入，都必须满足接入点三相平衡要求。光伏发电站单相接入 220V 配电网前，应校核接入各相的总容量。光伏发电站中性点接地方式应与其所接入配电网的接地方式相适应。

一般总容量在 8kW 以下以 220V 接入，8～400kW 以 380V 接入，400～6000kW 以 10kV 接入，5000～30000kW 以 35kV 接入。接入形式有专线接入［接入点处设置分布式电源专用的开关设备（间隔）］、T 接［接入点处未设置专用的开关设备（间隔）］。

由于光伏发电站输出功率具有波动性、间歇性和随机性的特点，接入电网会对电网可靠性、稳定运行带来诸多问题，给电网调度增加困难。为此，GB/T 19964—2024《光伏发电站接入电力系统技术规定》规定接入 10 (6) ～35kV 电压等级电网、装机容量 10MW 及以上的光伏发电站应配置功率预测系统，并进行电力预测与申报工作，向电网调度机构报送次日发电计划。

接入配电网的光伏发电站发生故障时，其运行管理方应收集相关信息并报送电网运营管理部门。接入 10 (6) ～35kV 配电网的光伏发电站，应确保设备的运行维护具有 24h 技术保障。

第二节　光伏发电功率预测

与常规电源不同，光伏发电属于能量密度低、稳定性差、调节能力弱的电源，光照资源的瞬时变化会引起光伏发电站发电输出功率的急剧变化，其输出功率受天气及地域的影响较大，具有波动性和间歇性的特点。

随着光伏发电装机容量的不断扩大，光伏发电系统输出电能的随机性对电力系统的电力平衡、安全性、稳定性（如调峰、备用容量的安排）、经济性影响程度不断加深。为此，研究光伏发电站输出功率规律及光伏发电功率预测技术，对光伏发电站输出功率进行监测和预测成为一个亟待解决的问题，也是确保光伏发电可持续发展的内在要求。

光伏发电功率预测技术研究分析光伏电站发电功率的影响因素及其变化规律，同时根据现有气象条件和光伏电站运行状态，采用适当的数学模型预测未来一定时段光伏输出功率。通过光伏发电功率预测技术的研究及应用可以实现以下目的：

（1）为光伏发电站运行服务。借助光伏发电功率预测数据，能够为光伏发电站合理安排检修计划提供辅助分析决策手段，进而提高光伏发电利用时间和发电量，同时为光

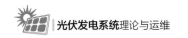

伏发电站参与市场竞争，争取优先上网提供技术支持。

（2）为电力系统运行服务。通过光伏发电功率预测技术，有助于电网调度机构及时制定科学的日运行方式，调整和优化常规电源的发电计划，改善电网调峰能力，增加光伏发电并网容量，提高电网的安全性和稳定性，同时降低因光伏发电并网而额外增加的旋转备用容量，改善电网运行的经济性。

一、功率输出的影响因素

影响光伏发电站输出功率的因素很多，关系比较复杂，且现场气象条件和运行环境变化无常，致使光伏发电输出功率难以预测和控制。通过研究分析光伏发电功率输出理论，可以跟踪梳理光伏发电现场实际运行环境。与光伏发电关联性较强的确定性因素，也是光伏发电预测建模中重点考虑的输入变量，主要有以下五个方面。

（一）太阳辐照强度

光伏电池板接收到的太阳辐照量的大小直接影响发电量，太阳辐照量越大，发电量越大。太阳辐照强度与季节时间、地理位置有直接关系。夏季太阳辐照时间较长，发电量较大；冬季太阳辐照时间短，发电量低。一天中通常正午太阳高度角大，到达的太阳辐照量较大，发电量也会较大。纬度越低的地区，太阳入射角越大，太阳辐照强度越大，发电量也会越大。光伏电池板方位角、倾斜角和设置场所的选取也是一个重要因素。一般情况下光伏电池板朝向正南时发电量能达到最大，东南、西南朝向时发电量大约降低 10%，东、西朝向时发电量降低大约 20%。

（二）光伏电池板类型

不同类型的光伏电池板有其各自的特点，表面反射率不同，分光感度特性不同，转换效率也不同，这对发电量的影响较为明显。一般来讲，单晶硅电池转换效率高，但成本高；而多晶硅电池转换效率虽略低于单晶硅电池，但性价比高，适合量产。

（三）光伏电池板温度

光伏电池板温度、大气温度等对光伏电池的发电量也有影响。尽管不同的光伏电池板的温度特性可能略有差异，但一般情况下，随着温度的上升，转换效率降低，输出功率下降。

当温度变化时，光伏电池的输出功率将发生变化。对一般的晶体硅光伏电池来说，随着温度的升高，短路电流会略有上升，而开路电压下降。

综上所述，随着温度的升高，光伏电池工作电流有所增加，但工作电压却大幅下降，因此总的输出功率下降。在规定的试验条件下，温度每变化 1℃，光伏电池输出功率的变化值称为功率温度系数。

（四）现场方阵安装方式

太阳光照强度和方向随时间不同而变化，对同样面积的两块光伏电池板，在其他外界条件恒定的情况下，采用不同的安装方式会造成输出功率的显著差异。

目前，光伏电站太阳能方阵安装形式主要有固定倾角式安装、单轴跟踪、双轴跟踪等，在某地区示范光伏发电站，通过对不同安装类型光伏组件的发电量实测数据比较，同样的组件容量，发电量从大到小依次是双轴跟踪、单轴跟踪、固定倾角安装。双轴跟踪安装方式相比于固定倾角式可提高发电量 20%～35%；单轴跟踪安装方式相比于固定倾角式可提高发电量 15%～25%。但双轴、单轴跟踪安装方式在投资和设备维护方面比固定倾角式安装投入更多。

（五）其他因素

结合光伏电站实际运行情况，以下因素会逐渐影响发电效率：

（1）光伏组件特性随着时间的推移，会因老化而逐渐改变。

（2）光伏组件表面覆尘情况，无法测量、定量描述。

（3）光伏组件会因地面沉降等因素逐渐地改变倾角。

二、功率预测方法

光伏发电功率预测方法可根据预测物理量、数学模型、数据源和时间尺度等分类。常见光伏发电功率预测方法分类如图 6-1 所示。

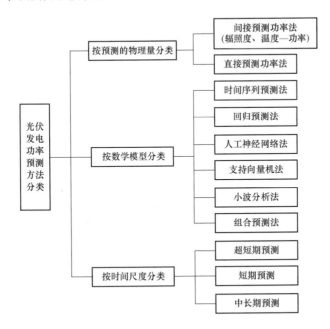

图 6-1　常见光伏发电功率预测方法分类

（一）根据预测的物理量分类

可分为间接预测法和直接预测法两类：间接预测功率法对太阳辐照量进行预测，然后根据预测的太阳辐照量估算光伏发电系统的功率输出；直接预测功率法直接对光伏发

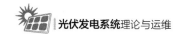

电系统的输出功率进行预测。

（二）根据所运用的数学模型分类

可分为时间序列预测法、回归预测法、人工神经网络法和支持向量机法等。

（1）时间序列预测法。时间序列模型是最经典、最系统、最被广泛采用的一类预测法。随机时间序列方法只需单一时间序列即可预测，实现比较简单。

（2）回归预测法。通过回归分析，寻找预测对象与影响因素之间的相关关系，建立回归模型进行预测；根据给定的预测对象和影响因素数据，研究预测对象和影响因素之间的关系，形成回归方程；根据回归方程，给定各自变量数值，即可求出因变量值即预测对象预测值。

（3）人工神经网络法。人工神经网络技术可以模仿人脑的智能化处理，对大量非结构、非精确性规律具有自适应功能，具有信息记忆、自主学习、知识推理和优化计算的特点，特别是其自学习和自适应功能较好地解决了天气和温度等因素与负荷、光伏发电站输出功率的对应关系。因此，人工神经网络得到了许多中外学者的赞誉，预测是人工神经网络最具潜力的应用领域之一。

（4）支持向量机法。支持向量机（support vector machines，SVM）是由贝尔实验室的万普尼克等提出的一种机器学习算法，它与传统的神经网络学习方法不同，实现了结构风险最小化原理（structural risk minimization，SRM），它同时最小化经验风险与VC维（vapnik‐chervonenkis dimension）的界，这就取得了较小的实际风险即对未来样本有较好的泛化性能。

（5）小波分析法。小波分析在时域和频域都有良好的局部化性质，能够比较容易地捕捉和分析微弱信号，聚焦到信号的任意细节部分。小波分析可以用于数据的分析、处理、存储和传递。

（6）组合预测法。组合预测法是对多种预测方法得到的预测结果，选取适当的权重进行加权平均的一种预测方法。与前面介绍的各种方法结合进行预测的方式不同的是，组合预测法是几种方法分别预测后，再对多种结果进行分析处理。组合预测有两类：一类是将几种预测方法所得的结果进行比较，选取误差最小的模型进行预测；另外一类是将几种结果按一定的权重进行加权平均。该方法建立在最大信息利用的基础上，优化组合了多种模型所包含的信息，主要目的在于消除单一预测方法可能存在的较大偏差，提高预测的准确性。

（三）根据预测的时间尺度分类

可分为超短期（日内）预测、短期（日前）预测、中长期预测。

（1）超短期（日内）预测通过实时环境监测数据、电站逆变器运行数据、历史数据等数据源建立预测建模，进而预测未来 0～4h 的输出功率，采用数理统计方法、物理统计和综合方法，主要用于光伏发电功率控制、电能质量评估等。这种分钟级的预测一般不采用数值天气预报数据。

（2）短期（日前）预测一般预报时效为未来0～72h，以数值天气预报为主，主要用于电力系统的功率平衡和经济调度、日前计划编制、电力市场交易等。

（3）中长期预测是更长时间尺度的预测，主要用于系统的检修安排、发电量的预测等。

从建模的观点来看，不同时间尺度是有本质区别的，对于日内预测，因其变化主要由大气条件的持续性决定，可以采用数理统计方法，对光伏电站实时气象站数据进行时间序列分析，也可以采用数值天气预报方法和物理统计总和方法。对于日前预测，则需使用数值天气预报方法才能满足预测需求，单纯依赖时间序列外推不能保证预测精度。

在实际生产中，短期功率预测、超短期功率预测是最常用的功率预测技术，对电力生产运行指导意义也最大。

三、功率预测系统

（一）功率预测系统结构

光伏发电功率预测系统主要由光伏发电站侧光功率预测子站系统、数据通信链路，以及部署在网、省级调度侧的光功率预测主站系统三部分组成。调度侧光功率预测主站系统主要作用是进行区域光电功率预测，并对各光伏发电站光功率预测的准确性进行考核评价。光伏发电站侧光功率预测子站用于单个电站的功率预测，并向调度侧主站系统上传功率预测信息，提供实时辐照度等气象数据。考虑数据安全和网络安全，光伏电站都建设了电力调度数据网接入节点，与调度主站通信一般都采用调度数据网通信。根据《电力监控系统安全防护规定》（国发〔2014〕14号）规定，光功率预测数据为生产控制区的准实时类信息，光伏电站侧的光功率预测子站系统与调度侧的光功率预测主站运行在同一安全区（安全Ⅱ区）。光伏发电功率预测系统总体拓扑结构如图6-2所示。

（二）光伏发电站端光功率预测子站系统要求

装机容量10MW以上的光伏发电站应具备光伏发电功率预测的能力，配置光功率预测子站系统，子站系统的建设需满足以下三点要求：

（1）光伏发电功率预测子站系统向调度端光功率预测主站系统至少上报次日96点光伏发电功率预测曲线，上报时间可根据区域网、省调度机构要求进行设置；每15min上报一次未来4h的超短期预测曲线，并同时上报与预测曲线相同时段的光伏发电站预计开机容量。

（2）光伏发电功率预测子站系统还需向调度端光功率预测主站系统上传光伏电站实时辐照度、温度等气象数据，时间分辨率一般不大于5min。

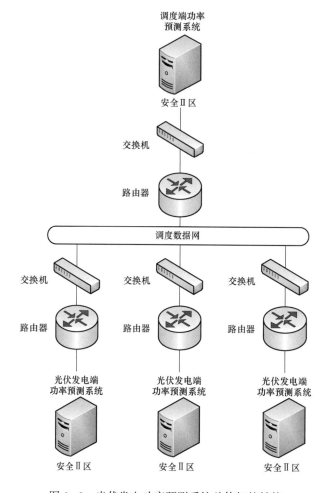

图 6-2 光伏发电功率预测系统总体拓扑结构

（3）光功率预测子站系统必须与光伏电站运行监控系统、逆变器监控系统之间具备良好的数据接口，确保光功率预测子站系统所需数据的及时性、完整性。

（三）光伏发电站端光功率预测子站系统设计

光伏发电站光功率预测子站系统主要由光伏电站光功率预测部分、实时气象采集部分两个组成部分。一套典型的光功率预测子站系统光功率预测部分通常包括 1 台预测系统服务器、1 台预测系统工作站、1 台气象数据处理服务器和二次系统安全防护设备。其中预测系统服务器部署于安全Ⅱ区，用于功率预测应用程序的运行；气象数据处理服务器部署于安全Ⅲ区，用于数值天气预报及实时辐照等气象数据的接收与处理。气象数据处理服务器通过二次安全防护设备将气象数据送至安全Ⅱ区的预测系统服务器，预测系统服务器则完成预测、展示、用户交互等功能。实时气象采集部分包括辐照仪、风速风向仪、温湿度传感器、数据采集通信设备等。一座光伏发电站根据其覆盖面积，以及地形地貌特征，可以设置一座或者多座气象采集器。气象采集器的设置以能准确反映整个光伏电站区的辐照强度等气象条件，满足光功率预测系统功能为目的。

通过光功率预测子站系统实现单个光伏电站的短期功率预测和超短期功率预测，并向调度侧主站系统上报预测结果和实时辐照等气象数据。

四、功率预测考核

(一) 总体要求

光伏发电站需具备功率预测功能，预测周期及预测准确性符合国家相关规定及电力调度机构相关要求。功能不具备或者预测周期不满足要求的按照每月 500 分考核。由于业务功能需要进行功率预测系统升级改造的需限期完成，逾期未完成按每月 50 分考核。

光伏发电站需按要求向电力调度机构报送中期、短期、超短期功率预测数据文件，有效数据上传率应大于 95%，若未达标，每降低 1% 按全场容量×2 分/万 kW 考核，由于电网原因造成上传率未达标的不予考核。对于影响功率预测系统相关工作的，给予每月 24h 或 3 个月 1 次、每次不超过 72h 免考核。整体要求光伏发电站考核总分每月不超过 500 分。

光伏发电站完成带电启动试运后应在 30 天内完成功率预测系统调试，调试期间给予免考核。带电启动试运结束前已按要求完成功率预测系统调试的，功率预测系统不再给予 30 天的免考核时间。

(二) 短期预测考核

光伏发电站向电力调度机构报送的短期 (0～72h) 预测曲线，应满足光伏发电站不超过 20% 的预测偏差，对于超出预测偏差范围的预测曲线，根据偏差积分电量，参照不同时段对应的考核分值，计算考核量。

根据预测数据对实时调度影响的程度不同，对每日报送数据中的 D-1、D-2、D-3 负荷预测曲线，在计算得到对应曲线考核量后，按照不同权重进行加权，进而得到该日短期预测的考核总分。

(三) 超短期预测考核

超短期预测考核指标为超短期预测曲线第 1、2、3、4h 调和平均数准确率，超短期预测考核分数为第 1、2、3、4h 调和平均数准确率考核分数之和，调和平均数准确率考核分数为重点时段调和平均数准确率考核分数与其他时段调和平均数准确率考核分数之和。若重点时段 (用电高峰时段、新能源大发时段) 未达标，每减少 1% 按全场装机容量×0.0015 分/万 kW 考核；若其他时段未达标，每减少 1% 按全场装机容量×0.0003 分/万 kW 考核。

(四) 可用功率考核

可用发电功率指考虑场内设备故障、缺陷或检修等原因引起受阻后能够发出的功

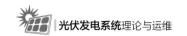

率，可用发电功率的积分电量为可用电量，可用电量的日准确率应不低于97%，每降低1%按全场装机容量×0.02分/万 kW 考核。若发现谎报、瞒报现象，每次按全场装机容量10分/万 kW 考核。

五、 功率预测与电力现货交易

目前，功率预测的主要应用场景是在电力计划与调度。随着电力改革的推进和市场化机制的逐步完善，功率预测技术在电力交易中发挥重要作用，其关键因素就在于发电能力预测的准确率，若准确率不达标，将会面临市场化偏差考核。

针对光伏发电站参与市场化交易，特别是现货交易实际需求，通过功率预测系统的优化和生产运营数据的对比分析，模拟算法，形成较为精确的发电能力预测曲线，辅助交易申报，有效保障电力市场化交易特别是现货交易较好开展，并通过对预测数据不断分析、复盘，可优化后续交易策略，能使生产集控和市场化交易有效协同。

基于不同电站使用了不同厂家功率预测系统的现状，利用功率预测主站系统和子站系统，搭建新的发电能力预测模型，形成集中控制与市场交易协同智慧生产运营管理模式。在市场化交易新场景下，精准的光功率预测为交易场景提供更加准确的预测数据支持，有效为电力中长期交易、现货交易的电量申报提供辅助决策。光伏发电功率预测精度对电力交易的影响如图6-3所示。

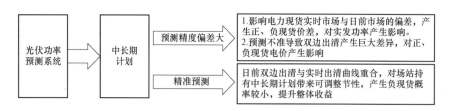

图6-3 光伏发电功率预测精度对电力交易的影响

六、 功率预测系统巡检要求

功率预测系统装置应每天巡检一次，保证系统数据完整、上传正常，满足调度机构的要求，功率预测系统电源、服务器、网络交换机、安全隔离装置应运行正常。

第三节 有功功率控制

一、 并网要求

(一) 接入电网

(1) 光伏发电站应具备参与电力系统调频和调峰的能力，并符合 GB/T 31464—2022《电网运行准则》的相关规定。

　　光伏发电站有功功率控制基本要求：①控制最大功率变化；②在电网特殊情况下限制光伏发电站的输出功率。

　　光伏发电站接入电网的最大容量不同限度地受到所接入电网条件及系统调峰能力的限制。光伏发电是一种间歇性电源，输出功率超过额定值80％的概率一般不超过10％。

　　（2）光伏发电站应配置有功功率控制系统，具备有功功率连续平滑调节的能力，并能够参与系统有功功率控制。

　　（3）光伏发电站有功功率控制系统应能够接收并自动执行电网调度机构下达的有功功率及有功功率变化的控制指令。

（二）接入配电网

　　通过10（6）～35kV电压等级并网的光伏发电站应具有有功功率调节能力，输出功率偏差及功率变化率不应超过电网调度机构的给定值，并能根据电网频率值、电网调度机构指令等信号调节电源的有功功率输出。

　　通过380V电压等级并网的光伏发电站容量一般都非常小，功率控制对电网的支持非常有限，考虑到成本和技术因素，在有功功率上不做要求。

二、控制模型

（一）约束方程

　　电力系统的状态可分为等式约束和不等式的约束方程。

$$\left\{ \begin{array}{l} \sum P_{Gi} = \sum P_{Li} \\ \sum Q_{Gi} = \sum Q_{Li} \end{array} \right\} \tag{6-1}$$

$$\left\{ \begin{array}{l} U_{i\min} \leqslant U_i \leqslant U_{i\max} \\ f_{s\min} \leqslant f_s \leqslant f_{s\max} \\ P_{Gi\min} \leqslant P_{Gi} \leqslant P_{Gi\max} \\ Q_{Gi\max} \leqslant Q_{Gi} \leqslant Q_{Gi\max} \\ \mid I_{ij} \mid \leqslant I_{ij\max} \end{array} \right\}$$

式中　　P_{Gi}、$P_{Gi\min}$、$P_{Gi\max}$——分别为发电机组i的有功功率、最小有功功率、最大有功功率；

　　　　Q_{Gi}、$Q_{Gi\min}$、$Q_{Gi\max}$——分别为发电机组i的无功功率、最小无功功率、最大无功功率；

　　　　P_{Li}、Q_{Li}——分别为负荷i消耗的有功功率和无功功率；

　　　　U_i、$U_{i\min}$、$U_{i\max}$——分别为节点i的电压、最低电压、最高电压；

　　　　f_s、$f_{s\min}$、$f_{s\max}$——分别为系统的频率、最低频率、最高频率；

　　　　I_{ij}、$I_{ij\max}$——分别为节点i与节点j之间线路的电流、最大电流。

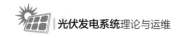

（二）运行状态

电力系统五种典型状态包括正常运行状态、警戒状态、紧急状态、崩溃状态、恢复状态。式（6-1）所列等式、不等式及安全性标准与电力系统状态的关系见表6-1。

表6-1 电力系统的五种运行状态

系统状态	等式约束	不等式约束	安全性	有功控制目标
正常	√	√	√	维持正常运行，使发电成本最经济
警戒	√	√	×	采取预防性控制措施，使系统状态恢复到正常状态
紧急	√	×	×	采取紧急控制措施，使系统状态恢复到警戒或正常状态
崩溃	×	×	×	维持子系统功率供求平衡，维持部分供电。解列后小系统，可能处于正常、警戒或紧急状态
恢复	√	√或×	×	迅速平衡恢复对用户的供电

注 √表示电力系统状态的等式约束和不等式约束方程成立；×表示电力系统状态的等式约束和不等式约束方程不成立。

Q/GDW 1617—2015《光伏电站接入电网技术规定》仅规定了光伏发电站参与系统在正常状态和紧急状态下的有功调节。警戒状态可作为正常状态的一个子状态（不安全状态）存在。

三、参与调度模式

当光伏发电站并网后，在参与系统有功功率调度的情况下，以调度视角，可将光伏发电站分为负荷模式和电源模式。

（一）负荷模式

负荷特性是指电力负荷从电力系统的电源吸取的有功功率和无功功率随负荷端点的电压及系统频率变化而改变的规律。

光伏发电站参与系统有功调度，其有功功率被视为一个负的负荷。在负荷模式参与系统调度的过程中，光伏发电站将被视为一个不可控负荷，其有功功率的波动将由系统平抑。

当光伏发电站以负荷模式参与调度时，其输出功率由电站确定，通过上报发电计划曲线供调度中使用。

当光伏发电站以负荷模式参与系统调度时，为了降低系统发电成本，同时又由于系统所处的状态可以承受光伏发电站有功功率波动，因此光伏发电站按所能达到的最大功率方式输出。光伏发电站按照最大功率方式控制时，电站输出功率受自然条件和发电设备约束，包括太阳辐射值、光伏组件安装容量、安装方式、直流系统效率、逆变器效率，以及交流系统效率。

（二）电源模式

光伏发电站以电源模式参与系统有功调度，等效为一个电源。光伏发电站在参与系统调度过程中，主动向调度上报各时段的有功出力范围，参与调度中心的优化调度，由调度中心确定其在各个调度时段的有功功率值，光伏发电站通过站内功率控制系统实现对调度计划的跟踪。

当光伏发电站以电源模式参与调度时，电站有功功率将由系统确定即由调度中心确定，光伏发电站执行调度中下达的功率曲线。

四、正常运行情况及紧急控制要求

（一）正常运行情况

在光伏发电站并网、正常停机及太阳能辐照度增长过程中，光伏发电站有功功率变化速率应满足电力系统安全稳定运行的要求，其限值应根据所接入电力系统的频率调节特性，由电力系统调度机构确定。

光伏发电站最大功率变化需结合实际电网的调频能力及其他电源调节特性来确定，很难给出一个统一的确定限值来适用于各种情况下的各种电网运行要求。

光伏发电站有功功率变化速率应不超过 10％装机容量/min，具体数值应由电力系统调度机构根据当地电网情况核对给出，允许出现因太阳能辐照度降低而引起的光伏发电站有功功率变化速率超出限值的情况。

光伏发电站最大功率变化的限制除与光伏发电站接入系统的电网状况、电网中其他电源的调节特性、光伏发电单元运行特性及其技术性能指标等因素有关外，还要求在电网紧急情况下光伏发电站应根据电力系统调度部门的指令来控制其输出的有功功率，实现紧急控制的能力。

（二）紧急控制要求

在电网发生故障或者在电网特殊的运行方式下，为了防止电网中线路、变压器等输电设备过负荷，确保系统稳定性，此时需要对光伏发电站有功功率提出要求。

在电力系统事故或紧急情况下，光伏发电站应按下列要求运行：

（1）电力系统事故或特殊运行方式下，按照电力系统调度机构的要求降低光伏发电站有功功率。

（2）当电力系统频率在 50.2～50.5Hz 之间时，频率每次高于 50.2Hz，光伏发电站应能至少运行 2min，并按照电力系统调度机构指令降低光伏发电站有功功率或执行高周切机策略，严重情况下切除整个光伏发电站；不允许处于停运状态的光伏发电站并网。

（3）当电力系统频率大于 50.5Hz 时，光伏发电站应立刻终止向电网送电，且不允

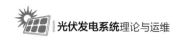

许处于停运状态的光伏发电站并网。

（4）出现事故时，若光伏发电站的运行危及电力系统安全稳定，电力系统调度机构按相关规定暂时将光伏发电站切除。

事故处理完毕，电力系统恢复正常运行状态后，光伏发电站应按调度指令并网运行。

五、 自动发电控制

自动发电控制（automatic generation control，AGC）由遥测输入、计算机处理和遥控输出三个环节构成闭环控制系统。

首先，AGC 从光伏调度计划应用读取各光伏电站发电执行计划，从调度数据采集与监控系统（SCADA）获取电网实时量测数据，并进行必要的处理。其次，根据实时量测数据和当时的计划值，在考虑光伏发电站各项约束的同时计算出对电站的控制命令。最后，通过 SCADA 将控制命令送到各光伏电站的监控系统，由光伏发电站监控系统按照制定好的控制策略分配给逆变器，逆变器根据分配输出功率，实时调节发电输出功率。

AGC 采用循环扫描方式，实时扫描调度计划曲线值生成最优调节策略，并借助网络规约下发调节命令，达到对光伏发电站动态跟踪调节的目的。控制系统结构总体架构如图 6-4 所示。

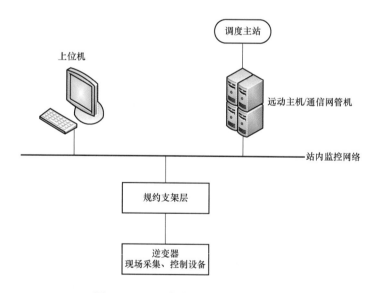

图 6-4 AGC 控制系统结构总体架构

光伏电站 AGC 控制方式主要分为逆变器启停控制和逆变器经济运行范围阈值控制两种。启停控制是指通过遥控的方式，启动或者停止一定数量的逆变器，达到有功调节的目的；逆变器经济运行范围阈值控制是根据逆变器经济运行范围（30％～100％），采用遥调方式设置逆变器的有功功率工作点，实现有功输出控制，避免了彻底关断一次设备，提高了调节速率。AGC 的逻辑判别流程如图 6-5 所示。

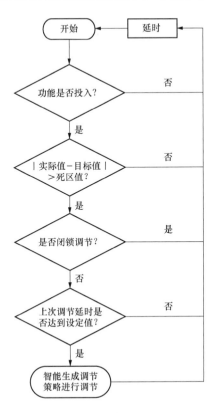

图 6-5　AGC 逻辑判别流程

第四节　无功功率控制

光伏发电站需要向电网提供无功功率以在电压降落情况下支持电网电压。光伏发电站配置的无功调节设备应能够满足各种发电输出功率水平和接入系统各种运行工况下的稳态、暂态、动态过程的无功和电压自动控制要求。

一、无功电源

(一) 定义

光伏发电站的无功电源包括光伏并网逆变器及光伏发电站中的集中无功补偿装置。应充分利用光伏发电并网逆变器的无功容量及其调节能力，因为仅靠光伏发电并网逆变器的无功容量无法满足系统电压调节需要，应在光伏发电站集中加装无功补偿装置。光伏发电站无功补偿装置能够实现动态的连续调节以控制并网点电压，其调节速度应能满足电网电压调节的要求。

光伏发电站应有多种无功控制模式，包括电压控制、功率因数控制和无功功率控制等，其具备根据运行需要在线切换模式的能力；光伏发电单元的并网逆变器无功功率范围应满足图 6-6 要求，需在图中所示矩形框内动态可调。

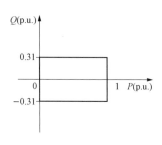

图 6-6　逆变器无功功率范围

（二）接入位置

对于直接接入电网的光伏发电站，其配置的无功补偿容量应该能够补偿光伏发电站满发时送出线路上的部分无功损耗（约 50％），以及光伏发电站空载时送出线路上的部分充电无功功率（约 50％）。

对于通过 220kV（或 330kV）光伏发电汇集系统升压至 500kV（或 750kV）电压等级接入公共电网的光伏发电站群，其每个光伏发电站配置的容性无功容量除能够补偿并网点以下光伏发电站汇集系统及主变压器的无功损耗外，还要能够补偿光伏发电站满发时送出线路的全部无功损耗；其光伏发电站配置的感性无功容量能够补偿光伏发电站送出线路全部充电功率。

（三）响应时间

光伏发电站的无功电源应能够跟踪光伏输出功率的波动及系统电压控制要求并快速响应。光伏发电站的无功调节需求不同，所配置的无功补偿装置也就不同，则其响应时间应根据光伏发电站接入后电网电压的调节需求确定。光伏发电站动态无功响应时间应不大于 30ms。

二、无功容量配置

（一）配置原则

光伏发电站的无功容量应满足分（电压）层和分（电）区基本平衡的原则，无功补偿容量应在充分考虑优化调压方式及降低电能损耗的原则下进行配置，并满足检修备用要求。

按电力系统无功分层分区平衡的原则，光伏发电站所消耗的无功负荷需要光伏发电站配置无功电源来提供；并且在系统需要时，光伏发电站能向电网中注入所需的无功容量，以维持光伏发电站并网点稳定的电压水平。

光伏并网逆变器功率因数应能在 0.95（超前）～0.95（滞后）范围内连续可调。

光伏发电站的无功容量配置应满足 GB/T 19964—2024《光伏发电站接入电力系统技术规定》的有关规定。

（二）直接接入公共电网

对于直接接入公共电网的光伏发电站，无功容量配置应满足下列要求：

（1）容性无功容量能够补偿光伏发电站满发时站内汇集线路及箱式变压器、主变压器的感性无功及光伏发电站送出线路的一半感性无功功率之和。

（2）感性无功容量能够补偿光伏发电站自身的容性充电无功功率及光伏发电站送出线路的一半充电无功功率之和。

（三）通过汇集系统升压接入电网

对于通过 110kV 光伏发电汇集系统升压至 330kV 电压等级或者通过 220kV（或 330kV）光伏发电汇集系统升压至 500kV（或 750kV）电压等级接入电网的光伏发电站群中的光伏发电站，无功容量配置应满足下列要求：

（1）容性无功容量能够补偿光伏发电站满发时汇集线路及箱式变压器、主变压器的感性无功及光伏发电站送出线路的全部感性无功功率之和。

（2）感性无功容量能够补偿光伏发电站自身的容性充电无功功率及光伏发电站送出线路的全部充电无功功率之和。

（四）其他要求

光伏发电站配置的无功装置类型及其容量范围应结合光伏发电站实际接入情况来确定，计算时应充分考虑无功设备检修及系统特殊运行工况等情况。

三、无功补偿装置

（一）配置

光伏发电站可在升压变压器低压侧配置集中无功补偿装置。无集中升压变压器光伏发电站可在汇集点集中安装无功补偿装置。

光伏发电站无功补偿装置配置应根据光伏发电站实际情况，如安装容量、安装形式、站内汇集线分布、送出线路长度、接入电网情况等，进行无功电压研究后确定。

（二）适应性

在电网正常运行情况下，光伏发电站的无功补偿装置应适应电网各种运行方式变化和运行控制要求。

光伏发电站处于非发电时段，光伏发电站安装的无功补偿装置也应按照电力系统调度机构的指令运行。

当光伏发电站安装并联电抗器、电容器组或调压式无功补偿装置，且在电网故障或异常情况下，引起光伏发电站并网点电压高于 1.2 倍标称电压时，无功补偿装置容性部分应在 0.2s 内退出运行，感性部分应能至少持续运行 5min。

当光伏发电站安装动态无功补偿装置，且在电网故障或异常情况下，引起光伏发电站并网点电压高于 1.2 倍标称电压时，无功补偿装置可退出运行。

对于通过 220kV（或 330kV）光伏发电汇集系统升压至 500kV（或 750kV）电压等级接入电网的光伏发电站群中的光伏发电站，在电力系统故障引起光伏发电站并网点电压低于 90%标称电压时，光伏发电站的无功补偿装置应配合站内其他无功电源按照 GB/T 19964—2024《光伏发电站接入电力系统技术规定》中的低电压穿越无功支持的要求发出无功功率。

（三）有功功率和无功功率协调

对于接入 10（6）～35kV 电压等级电网的光伏发电站，当需要同时调节有功功率和无功功率时，为提高光伏发电站的利用率，宜优先保障有功功率的调节。

为保证接入电网的光伏发电站满足功率因数的要求，当所输出的无功功率影响到有功功率输出时，宜安装就地无功补偿设备（装置），并优先使用其进行无功功率调节。

四、电压调节

光伏发电站并网逆变器应在其无功调节范围内按光伏发电站无功电压控制系统的协调要求进行无功、电压控制。

光伏发电站无功补偿装置应具备自动控制功能，应在其无功调节范围内按光伏发电站无功电压控制系统的协调要求进行无功、电压控制。

光伏发电站的主变压器应采用有载调压变压器，按照无功电压控制系统的协调要求通过调整变电站主变压器分接头控制站内电压。

光伏发电站参与电网电压调节的方式包括调节光伏发电站并网逆变器的无功功率、无功补偿装置的无功功率和光伏发电站升压变压器的电压比。

在电网特殊运行方式下，当通过调节无功和有载调压变压器不能满足电压调节要求时，应根据电网调度机构的指令通过调节有功功率进行电压控制。

五、电压控制

（一）接入电网

1. 基本要求

光伏发电站应配置无功电压控制系统，且具备无功功率调节及电压控制能力，能在并网点电压范围 0.9～1.1p.u. 内正常运行。

根据电力系统调度机构指令，光伏发电站自动调节其发出（或吸收）的无功功率，实现对并网点电压的控制。

光伏发电站无功电压控制系统响应时间和控制精度应满足电力系统电压调节的要求，符合 GB/T 29321—2012《光伏发电站无功补偿技术规范》的要求。

2. 控制目标

当公共电网电压处于正常范围内时，对于接入 35kV 及以上、220kV（或 330kV）及以下电压等级公共电网的光伏发电站，光伏发电站应能够控制其并网点电压在 0.97～1.07p.u. 范围内。

当公共电网电压处于正常范围内时，对于接入 500kV（或 750kV）电压等级变电站 220kV（或 330kV）母线侧的光伏发电站，光伏发电站应能够控制其并网点电压在 1～1.1p.u. 范围内。

3. 主变压器选择

光伏发电站的变电站主变压器应采用有载调压变压器，其分接头选择、调压范围及每挡调压值，应满足光伏发电站母线电压质量的要求。

（二）接入配电网

光伏发电站参与配电网电压调节的方式可包括调节电源无功功率、调节无功补偿设备投入量，以及调整电源变压器电压比。

（1）通过 380V 电压等级并网的光伏发电站，并网点处功率因数应在 0.95（超前）～0.95（滞后）范围内具备可调节的能力。

（2）通过 10（6）～35kV 电压等级并网的光伏发电站，在并网点处功率因数应在 0.95（超前）～0.95（滞后）范围内连续可调，并可参与并网点的电压调节。

（3）有特殊要求时，光伏发电站可做适当调整以稳定电压水平，在其无功输出范围内，应具备根据并网点电压水平调节无功输出，参与电网电压调节的能力，其调节方式和参考电压、电压调差率等参数可由电网调度机构设定。

六、 自动电压控制

自动电压控制（AVC）实时调节电力系统中的可控设备，控制系统电压及无功分配，为调度人员提供合理的电压及无功控制调整方案，解决当前电网运行中面临的无功电压问题，大幅度提高电网的安全、经济、优质运行水平。

（一）数据流

自动电压控制功能通过光伏发电调度技术支持系统基础平台管理相关应用和进程，功能的主体由应用计算进程和闭环控制进程组成，闭环控制进程根据控制需要调用相关子进程完成闭环控制功能。

自动电压控制功能主要与光伏发电调度技术支持系统基础平台、状态估计、稳态监控等模块进行数据交换，数据交互示意如图 6-7 所示。

（1）与基础平台交互。AVC 从基础平台获得各种限值数据，主要包括电压上、下限值曲线，电容器组、电抗器组的调节范围、动作次数和动作时间间隔，SVG、SVC 无功上、下限，关口功率因数约束，线路和变压器过负荷约束，无功储备约束等，这些限值可作为 AVC 控制的约束条件。

（2）与稳态监控交互。电网运行稳态监控模块是 AVC 模块的重要数据来源，主要获取 AVC 子站远投信号、闭锁信号，受控电站的有功量测、无功量测，以及 SVG、

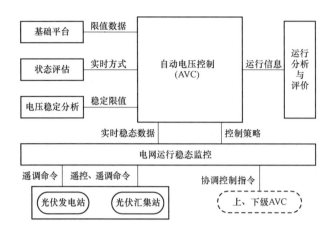

图 6-7　AVC 功能数据交互

SVC 运行状态信号,当地 AVC 远投信号等。

（3）与状态估计交互。AVC 从状态估计获得电网实时方式数据,包括网络拓扑、设备参数、母线电压、支路潮流、发电机和负荷功率、状态估计合格率和平均残差等。一方面,根据当前状态估计结果获得初始的电网方式,并在此基础上进行三级电压控制的最优潮流计算;另一方面,根据合格率、残差等统计信息,对当前状态估计结果进行评估。若在状态估计发散或者结果不可用的情况下,进行必要的处理,采用基于灵敏度信息的二次规划模型进行电压控制,保证可靠给出控制策略。

（二）主要功能

（1）优化控制。AVC 功能的控制要求是在满足安全性的约束下实现经济、优质的目标。安全性优先针对电压的限值要求,满足关键节点电压合格;经济性则针对全网网损最小并尽量减少控制设备的调节量。AVC 功能按逻辑分为主站、区域、厂站三个层次,以主站计算为主,提供与上、下级 AVC 系统协调控制的接口。

（2）动态分区。电网结构按照电气距离划分形成 AVC 控制区域模型,每个控制区域是一组电压耦合紧密的母线和若干代表整个区域电压水平的中枢母线,各区域内部有足够的无功储备以便进行电压控制。电气距离根据控制灵敏度定义,控制灵敏度越大,则电气距离越小。

（3）三级电压控制。AVC 功能应满足无功电压三级协调控制模式。其中,AVC 子站实现第一级控制,AVC 主站实现第二级控制和第三级控制。第一级控制由 AVC 子站通过协调控制本站内的无功电压设备实现,以满足第二级控制给出的厂站控制指令;第二级控制由 AVC 主站实现分区协调控制决策,通过控制本分区内的无功电压设备,给出各厂站的控制指令,将中枢母线电压和重要联络线无功控制在设定值,保证分区内母线电压合格和足够的无功储备;第三级控制由 AVC 主站进行全网在线无功优化,给出各分区中枢母线电压和重要联络线无功的设定值，提供经济压差控制策略作为全网无功优化的备用系统。三级电压控制的执行流程如图 6-8 所示。

（4）运行监视。AVC 可以对控制厂站及设备运行情况，以及控制下发命令进行实时监视，具体包括设备运行状态、受控状态、特征量测（电压、无功、挡位、功率因数）等；母线电压实时值、优化值、上下限值等，并可查看电压历史曲线及其统计情况；系统和各分区的有功网损和网损率，系统旋转无功备用和静态无功备用、电容器和电抗器的可投（退）情况，每次计算的调节策略和下发命令等；AVC 系统运行情况，包括计算周期、刷新周期、最近计算时间、最近控制时间，以及运行状态、闭锁状态、命令执行下发状态、协调控制状态等。

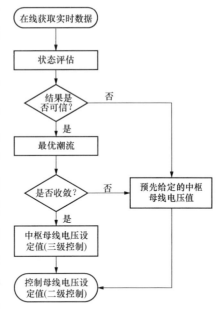

图 6-8　三级电压控制执行流程

第五节　故　障　穿　越

光伏发电站应具备低电压穿越能力和高电压穿越能力。

一、低电压穿越

低电压穿越能力指电网故障引起电压跌落时，光伏发电站在电网发生故障时及故障后，保持不脱网连续并网运行的能力。能够穿越低电压事件（或故障）的光伏发电站将产生故障电流，并且在故障后快速恢复到正常运行时可能的输出功率的状态。

低电压穿越能力能为系统提供以下关键支持：

（1）提供故障电流，有利于故障清除。

（2）在故障期间提供无功和有功，有利于维持系统电压。

（3）提供有功和无功，有利于系统从故障中恢复。

（4）提供控制功能（电压控制、频率反应），有利于系统恢复正常运行状态。

1. 低电压穿越能力要求

通过 10（6）kV 电压等级直接接入公共电网，以及通过 35kV 电压等级并网的光伏发电站，应具备以下低电压穿越能力，如图 6-9 所示。

（1）电网故障引起节点电压跌落幅度与距离故障点的电气距离远近、节点固有的无

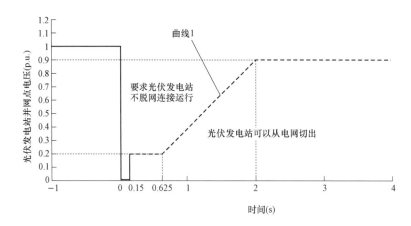

图 6-9　光伏发电站的低电压穿越能力要求

功电压支撑能力和光伏发电功率的高低有关。

（2）光伏发电站并网点电压跌至 0V 时，光伏发电站应能不脱网连续运行 0.15s，光伏发电站最低穿越电压为 0p.u.。

（3）光伏发电站并网点电压跌至图 6-9 曲线 1 以下时，光伏发电站可以从电网切出。

2. 故障类型及考核电压

电力系统发生不同类型故障时，若光伏发电站并网点考核电压全部在图 6-9 中电压轮廓线及以上的区域内，光伏发电站应保证不脱网连续运行；否则，允许光伏发电站切出。针对不同故障类型的考核电压见表 6-2。

表 6-2　　　　　　　　　光伏发电站低电压穿越考核电压

故障类型	考核电压
三相短路故障	并网点线电压
两相短路故障	并网点线电压
单相接地短路故障	并网点相电压

3. 有功功率恢复

对电力系统故障期间没有脱网的光伏发电站，要求能够确保实现低电压穿越的光伏发电站自故障清除时刻开始应快速恢复，自故障清除时刻开始，以至少 30% 额定功率/s 的功率变化率恢复至正常发电状态。

4. 动态无功支撑能力

光伏发电站动态无功电流响应时间 t_r 为自并网点电压升高或者降低达到触发设定值开始，直到光伏发电站动态无功电流实际输出值的变化量达到控制目标值与初始值之差的 90% 所需的时间。

光伏发电站动态无功电流调节时间 t_s 为自并网点电压升高或者降低达到触发设定值开始，直到光伏发电站动态无功电流实际输出值的变化量达到并保持在控制目标值与初始值之差的 95%～105% 范围内所需的最短时间。

光伏发电站无功电压控制系统响应时间为光伏发电站无功电压控制系统自接收到电力系统调度机构实时下达（或预先设定）的无功功率（电压）控制指令开始，直到光伏发电站实际无功功率（电压值）的变化量达到控制目标值的 90% 所需的时间。

对于通过 220kV（或 330kV）光伏发电汇集系统升压至 500kV（或 750kV）电压等级接入电网的光伏发电站群中的光伏发电站，当电力系统发生短路故障引起电压跌落时，光伏发电站注入电网的动态无功电流应满足以下要求：

（1）自并网点电压跌落的时刻起，动态无功电流的响应时间不大于 30ms。

（2）自动态无功电流响应起直到电压恢复至 0.9p.u. 期间，光伏发电站注入电力系统的动态无功电流 I_T 应实时跟踪并网点电压变化，并应满足式（6-2）要求。

$$\begin{cases} I_T \geqslant 1.5 \times (0.9 - U_T)I_N & , 0.2 \leqslant U_T \leqslant 0.9 \\ I_T \geqslant 1.05 \times I_N & , U_T < 0.2 \\ I_T = 0 & , U_T > 0.9 \end{cases} \quad (6-2)$$

式中　I_T——光伏发电站注入电力系统的无功电流；

　　　U_T——光伏发电站并网点电压标幺值；

　　　I_N——光伏发电站额定装机容量/（$\sqrt{3}$ 倍并网点标称电压）。

二、高电压穿越

光伏发电站高电压穿越是指当电力系统事故或扰动引起光伏发电站并网点电压升高时，在一定的电压升高范围和时间间隔内，光伏发电站能够保证不脱网连续运行。

在光伏发电站具有一定的高电压穿越能力的同时，光伏发电站无功动态调整的响应速度应与光伏发电站高电压穿越能力相匹配，以防止电压调节过程中光伏发电站因为高电压而脱网。

光伏发电站高电压穿越的具体要求见表 6-3。

表 6-3　　　　　　　　　光伏发电站高电压穿越运行时间要求

并网点电压标幺值（p.u.）	运行时间
1.10＜U_T≤1.20	具有每次运行 10s 能力
1.20＜U_T≤1.30	具有每次运行 500ms 能力
U_T＞1.30	允许退出运行

光伏发电站高电压穿越期间，光伏发电站应具备有功功率连续调节能力。

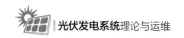

第六节 电网异常响应

一、电压异常

（一）运行要求

通过 10（6）kV 电压等级直接接入公共电网的光伏发电站，以及通过 35kV 电压等级并网的光伏发电站，当并网点电压 U 发生异常时，应能够按照表 6-4 的要求运行。其中，低电压穿越能力应满足 Q/GDW 1480—2015《分布式电源接入电网技术规定》的要求，低电压穿越要求曲线如图 6-9 所示。具备更高低电压穿越能力的光伏发电站，可采用更高标准的低电压穿越要求。

表 6-4   电压异常运行要求

并网点电压	运行时间
$U<85\%U_n$	应符合低电压穿越要求
$85\%U_n\leqslant U<110\%U_n$	连续运行
$110\%U_n\leqslant U<120\%U_n$	应逐步减少上网功率，应至少持续运行 10s
$120\%U_n\leqslant U<130\%U_n$	应减少上网功率，应至少持续运行 0.5s

注 U_n 为光伏发电站并网点的电网标称电压。

（二）响应要求

光伏电站的无功动态调整的响应速度应与逆变器的高电压穿越能力相匹配，以确保在调节过程中逆变器不因高电压而脱网。

接入 220、380V 配电网的光伏发电站，以及通过 10（6）kV 电压等级接入用户侧的光伏电站，当并网点电压 U 发生异常时，其响应特性应满足 Q/GDW 1480—2015《分布式电源接入电网技术规定》的要求，并应按表 6-5 所列方式运行；三相系统中的任一相电压发生异常，也应按此方式运行。

表 6-5   电压异常响应要求

并网点电压	要求
$U<50\%U_n$	应减少上网功率，在 0.2s 内断开与配电网的连接
$50\%U_n\leqslant U<85\%U_n$	应逐步减少上网功率，在 2s 内断开与配电网的连接
$85\%U_n\leqslant U<110\%U_n$	连续运行
$110\%U_n\leqslant U<135\%U_n$	应逐步减少上网功率，在 2s 内断开与配电网的连接
$U\geqslant135\%U_n$	应减少上网功率，在 0.2s 内断开与配电网的连接

注 U_n 为光伏发电站并网点的电网标称电压。

二、 频率异常

通过 10(6)kV 电压等级直接接入公共电网的光伏发电站，以及通过 35kV 电压等级并网的光伏发电站，应具备一定的耐受系统频率异常的能力，应能够在表 6 - 6 的电网频率范围内按规定运行。

表 6 - 6 频率响应要求

频率范围（Hz）	要求
$f<48$	电源根据变流器允许运行的最低频率或电网调度机构要求而定。有特殊要求时，可在满足电网安全稳定运行的前提下做适当调整
$48\leqslant f<48.5$	每次至少能运行 5min，且不允许处于停运状态的光伏发电站并网
$48.5\leqslant f\leqslant50.5$	连续运行
$50.5<f\leqslant51.5$	每次至少能运行 30s，且不允许处于停运状态的光伏发电站并网

接入 220、380V 配电网的光伏电站，以及通过 10（6）kV 电压等级接入用户侧的光伏发电站，当电网频率在 49～50.5Hz 范围内时，应能正常运行。

本 章 小 结

本章概述了光伏电站并网运行的要求和组成，包括光伏发电功率预测、有功功率控制、无功功率控制、故障穿越和异常响应。介绍了光伏电站并网所需的系统条件，为光伏电站接入电网提供了理论与技术指导。

第七章　光伏发电站运行与检修

第一节　光伏发电站运检作业要求

一、光伏发电站运检作业要求

光伏运检员应具备必要的机械、电气、安装知识，熟悉光伏逆变器的工作原理及基本结构，掌握判断一般故障的产生原因及处理方法；需掌握计算机监控系统的使用方法、触电现场急救方法、消防器材使用方法。光伏运检员对光伏发电站设备的运行状况进行监视时，应时刻掌握光伏发电站设备的运行状态，熟知设备的运行参数，当发生事故时能够及时、准确地按规定进行处理、汇报，做好各种记录、报表，并定期进行运行分析。

二、光伏发电站日常运检工作

（一）组件运行规定

光伏组件在运行中不得有物体长时间遮挡，组件表面出现玻璃破裂或热斑，背板灼焦，颜色明显变化，光伏组件接线盒变形、扭曲、开裂或烧损，接线端子无法良好连接时，应及时进行更换。需要更换组件的典型场景如图 7-1 所示。

在更换光伏组件时，必须断开与之相应的汇流箱开关、支路熔断器及相连光伏组件连接线。光伏组件更换完毕后，必须测量开路电压，并进行记录。光伏组件安装在温度满足运行要求的环境中，组件极限工作环境温度满足运行要求。

（二）巡回检查规定

运检人员定期对光伏组件电流进行监测，对电流偏离值较大的需查明原因。在大风过后需对光伏组件进行一次全面巡回。巡回过程中尽量避免接触接线插头及组件支架，如工作必须接触接线插头及组件支架时，运检人员需要使用绝缘工器具方可进行工作。光伏组件、汇流箱、直流配电柜运行中正极、负极严禁接地。

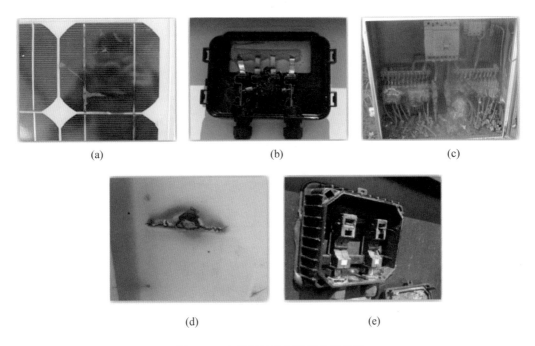

图 7-1 光伏组件及汇流箱典型故障

（a）组件表面烧坏；（b）二极管短路；（c）电气短路造成燃烧；（d）组件背面烧穿；（e）接线盒电气短路

第二节 光伏发电站设备运行

一、光伏发电站巡检周期

光伏发电站巡检项目及周期见表 7-1。

表 7-1   光伏发电站巡检项目及周期

巡检项目	巡检周期
变电站特巡	满足特巡条件时
升压站日常巡视	每日至少 1 次
升压站夜间巡视	每日至少 1 次
送出线路巡视	每季度日间至少 1 次，　每季度夜间至少 1 次
箱式变压器巡视	每季度日间至少 1 次，每季度夜间至少 1 次
逆变器巡视	每季度至少 1 次
汇流箱巡检及红外测温	每半年 1 次
光伏组件、支架、基础巡视及红外测温	每半年 1 次
防小动物措施检查	每月至少 1 次
红外测温	每月至少 2 次

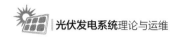

续表

巡检项目	巡检周期
蓄电池测量	每月 1 次
故障录波检查	每月 1 次
水系统检查	每月 1 次
逆变器交、直流电缆头测温	每季度 1 次
定值压板核对	每季度 1 次
升压站附属设备检查	每半年 1 次
箱式变压器低压侧电缆不平衡测试	每年 1 次
接地网腐蚀情况检查	每年 1 次，随机抽 3 个点

二、 光伏发电站巡检分类

（1）定期巡视。其目的在于掌握设备各部件运行情况，及时发现设备缺陷或威胁光伏发电站安全运行的情况。

（2）特殊巡视。在气候剧烈变化、自然灾害、外力影响、异常运行和其他特殊情况时，及时发现设备的异常现象及部件的变形损坏情况。

（3）夜间、交叉和诊断性巡视。根据运行季节特点、设备的健康情况和环境特点进行的重点巡视。

（4）故障巡视。查找设备的故障点，查明故障原因及故障情况。

（5）监察巡视。运检管理人员和技术人员了解光伏电站运行情况，检查、指导设备巡检人员的工作。

三、 光伏发电站设备巡检的一般要求

（一） 设备巡视检查的基本要求

设备巡视应严格按照电力安全规程中的要求，做好安全措施。主控室计算机监控系统应按照日常巡视规定对现场设备进行监控、查巡。巡视时，应严格按照巡视路线和巡视项目对一、二次设备逐台认真进行巡视。巡视情况应进行记录并签字，新发现的设备缺陷要记录在设备缺陷记录本内。在运行巡视时，应注意输电线路、隔离开关、支柱绝缘子瓷件及法兰无裂纹，夜间巡视时应注意瓷件无异常电晕现象，如图 7-2 所示。

（二） 特殊巡视的情形

对新投运或大修后的主设备，24h 内每小时巡视一次；对过负荷或异常运行的设备，应加强巡视；风、雪、雨、雾、冰雹等天气时应对户外设备进行巡视；雷雨季节特别是雷雨过后应加强巡视；上级通知或重要节日时应加强巡视。

图 7-2　隔离开关巡视及电晕放电

四、光伏区设备巡检

(一)光伏组件检查

电池组件的框架整洁、平整，螺栓、焊缝和支架连接牢固可靠，无锈蚀、塌陷。电池组件边框铝型材接口处无明显缝隙，缝隙由硅胶填满、螺栓拧紧、无毛刺。铝型材与玻璃间缝隙用硅胶密封，硅胶涂抹均匀，光滑、无毛刺现象，组件采光面清洁，无积灰、积水、遮挡、栅线消失、破损、热斑等现象。光伏组件表面破损及红外热斑成像如图 7-3 所示。

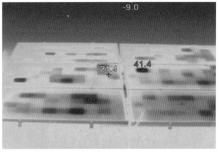

图 7-3　光伏组件表面隐裂及红外热斑成像

电池组件运行时背板无发黄、破损、污渍等现象。电池组件背板设备参数标示无脱落。电池组件间连接 MC4 插头无脱落、烧损现象。电池组件接线盒密封良好，无烧焦、烧损现象。电池组件接地线良好，无脱落、松动等现象。电池组件压块应无缺失、移位现象。

(二)支架检查

光伏支架检查开展螺栓紧固点牢固、弹垫无压平的检查，检测支撑光伏组件的支架构件倾角和方位角符合设计要求，固定支架的防腐处理符合设计要求。

支架锌层表面应均匀，无毛刺、过烧、挂灰、伤痕、局部未镀锌等缺陷，不得有影响安装的锌瘤。螺纹的锌层应光滑，螺栓连接件应能拧入，支架底座与基础连接螺栓牢固。支架接地扁铁焊缝平整、饱满，防腐处理良好，接地标识清楚，无掉漆现象。

支架基础检查如图 7-4 所示，检查外漏的金属预埋件进行了防腐、防锈处理，无腐蚀。混凝土支架基础无下沉或移位，混凝土支架基础无松动、脱皮。基础的尺寸偏差在允许范围。

图 7-4 光伏支架检查及混凝土检查

（三）汇流箱检查

汇流箱检查如图 7-5 所示。巡查汇流箱各部件正常，无变形，安装牢固、无松动现象。汇流箱外观干净、无积灰，设备标号无脱落，设备标号字迹清晰准确，正常运行时各熔断器全部投入，采集板运行正常，防雷器、开关全部投入运行。

图 7-5 光伏汇流箱巡检及开路电压测量

汇流箱内各元件无过热、异味、断线等异常现象，各电气元件运行正常。采集测控装置模块运行指示灯亮，数据收发指示灯闪亮，通信线连接可靠。汇流箱内防雷模块无击穿现象。各支路熔断器无明显损坏。汇流箱的直流开关输出配置正确，无脱扣。汇流箱柜体接地线连接可靠。汇流箱进、出线电缆完好，无变色、掉落、松动或断线现象，防火封堵良好、无缺失。

（四）直流配电柜检查

直流配电柜检查如图 7-6 所示。直流配电柜本体正常、无变形，表面清洁无积灰，门锁齐全完好。直流配电柜标牌无脱落、字迹清晰准确，柜内无异音、无异味、无放电现象。柜内电缆连接牢固，无过热、变色的现象，进、出线电缆完好、无破损、无变色。柜内各连接点无过热现象，防火封堵完好，接地线连接良好。直流配电柜每支路断路器的位置信号应与断路器实际位置相对应。直流配电柜各路进线电开关位置准确，无跳闸脱口现象，电缆标牌无缺失。直流配电柜多功能电流、电压显示正常，与逆变器直流侧电压、电流指示基本相等且直流配电柜通风正常，防尘滤棉无积灰。直流柜内配置绝缘监测装置，用于监测直流母线的电压，当正负母线对地绝缘电压降低时，发报警信号。

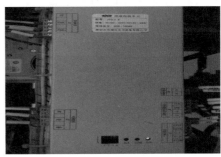

图 7-6　直流配电柜及绝缘监测装置检查

（五）逆变器检查

逆变器检查如图 7-7 所示。逆变器触摸屏上的各运行参数、方式开关位置正确。逆变器室环境温度正常，室内通风良好。逆变器、散热风机运行正常，机组温度不超过规定温度。逆变器触摸屏、各模块及控制柜内各面板上无异常报警显示。逆变器无异常振动、异常声音和异常气味。逆变器各引线接头接触良好，接触点无发热，无烧伤痕迹，引线无断股、折断现象。逆变器防火封堵无缺失、掉落。

图 7-7　光伏逆变器巡视及参数检查

五、升压站设备巡检

（一）变压器运行规定

变压器巡检如图 7-8 所示。运行中的主变压器应每日进行一次日间、夜间巡视，新投运或大修后的变压器应增加巡回检查次数。变压器三相负荷不平衡时，应监视最大电流相的负荷电流值不超过额定值。

图 7-8　光伏变压器巡视检查

变压器过负荷管控，变压器允许短时间过负荷，其过负荷允许值根据变压器的负荷曲线、冷却介质温度及过负荷前变压器所带负荷等来确定。变压器存在较大缺陷时不允许过负荷运行。变压器任何一侧的负荷功率不高于额定值时，变压器可以在最高工作电压下运行，但不宜超过其额定电压的 105%。

对于无载调压变压器，其分接开关的调整必须在变压器停电后进行，为确保分接头接触良好，在调整分接头时应正、反向各转动几次，然后固定在所需要调整的挡位上。无励磁分接开关在改变分接位置后，必须测量使用分接的直流电阻和变比。有载分接开关检修后，应测量全程的直流电阻和变比，合格后方可投运。

有载调压变压器分接开关的调整必须逐级进行，同时应监视分接开关位置和电压、电流变化。变压器分接开关调整后，应维持站用母线电压为额定值，波动范围为 ±2.5%。变压器分接开关的位置及调整应有专门记录。

（二）开关柜运行规定

高压开关柜如图 7-9 所示。开关柜内断路器在新安装或检修后，必须按 DL/T 596—2021《电气设备预防性试验规程》等相关规定试验合格后方可投入运行。开关柜内断路器检修工作结束后，工作票应全部收回，拆除检修安全措施（地线、标示牌、遮拦等），恢复常设安全措施，方可投入运行。断路器无论事故跳闸或正常操作分、合闸，均应做好记录。断路器事故跳闸后，应按调度指令进行操作，断路器送电前后应对其进行外观检查。

断路器正常操作应选择"远方"方式，只有进行检修、调试时，才允许选择"就地"方式。断路器试验时必须拉开其两侧隔离开关。断路器带电压时，SF$_6$ 或操作油压低于跳闸闭锁时，严禁分合断路器。断路器、隔离（接地）开关检修时要考虑隔离（接地）开关连锁回路的影响。隔离刀闸、接地开关、断路器检修后，必须试验其闭锁回路

图 7-9　高压开关柜巡视及维护保养

是否完好。断路器在正常操作前后应检查断路器间隔各气室 SF$_6$ 气压及操作压力正常。

（三）特殊规定

正常情况下光伏发电站内隔离（接地）开关操作受阻时，应查明原因，消除缺陷后方可操作，短时无法处理需要人为解除电气闭锁时，必须经电站负责人同意并由操作人员再次确认一次系统具备操作条件后，进行解锁操作。紧急情况下，需进行解锁操作时，必须由当班负责人再次确认一次系统具备操作条件，方可进行操作。电气设备故障而断路器拒绝跳闸时，值班人员应不待调令立即设法使该设备停电。断路器不得非全相运行。当发现断路器非全相运行时，值班人员应不待调令立即断开断路器，若非全相运行断路器不断开，则立即使用将该断路器的功率降至最小，拉开变电站断路器的办法。

（四）场用电运行规定

场用电的运行需重点关注温度，场用电变压器绕组温度应与其出厂设备的绝缘等级相对应。变压器必须控制在不超过额定电流的状态下运行，采用温度控制仪来控制变压器的冷却风机。变压器三相绕组温度任一相达到设定时，自动启动冷却风机；三相温度均降至设定值后，自动停止风机运行。变压器投运之前必须检查无受潮现象。

（五）动态无功补偿装置（SVG）运行规定

对动态无功补偿装置调管设备，任何停送电操作和设备检修均应取得相应调度机构调度值班人员的许可，严格遵守"五防"操作。设备运行时，严禁私自打开一次设备网门，以防止人员误入。设备运行时，保持运行设备的密闭状态功率柜在运行时，严禁打开功率柜门。SVG 在运行中严禁分断 SVG 控制柜电源。装置室内散热风机运行良好，保证功率单元室内温度不应超过设定值。SVG 装置周围不得有危及安全运行的物体。

SVG 设备检修时必须做好停电措施，设备在停电、放电后方可装设接地线，不得在未经放电的电抗器和 IGBT 功率模块上进行任何工作。检查二次回路时，必须对二次线先进行交、直流验电后再操作。严禁触摸运行功率单元的外壳及链节排。定期对滤棉进行清扫，保证链接散热正常。SVG 设备巡视如图 7-10 所示。

无功补偿变压器本体的重瓦斯保护应投跳闸。若需退出重瓦斯保护，应预先制定安全措施，并经领导批准，限期恢复。

图 7-10　无功补偿装置及功率模块巡视

（六）消弧线圈运行规定

光伏发电站消弧线圈如图 7-11 所示。消弧线圈是使用较为广泛的设备，其接地系统在正常运行情况下中性点的长时间电压位移不应超过系统标称相电压的 15%。消弧线圈接地系统残余电流不宜超过 10A，消弧线圈接地系统宜采用过补偿方式运行。消弧线圈接地系统如变压器无中性点或中性点未引出，应装设专用接地变压器，且容量应与消弧线圈的容量相配合。

图 7-11　消弧线圈巡视及参数检查

1. 技术要求

对于消弧线圈，应将主绕组首端与变压器或发电机的中性点连接，主绕组接地端可靠接地。对于本体有 TV、TA 的消弧线圈，应将 TV、TA 的输出端子与相应控制电缆连接好。若消弧线圈所供测量的 TV、TA 不用时，将 TV 断开，一端地接，TA 短接后再接地。对于有载调匝式消弧线圈，需连接本体与开关之间的分解引线。对于调电容式调节或高阻抗调节的消弧线圈，应按照相关要求连接线路。

2. 运行要求

消弧线圈如果安装有三相电源风机，应注意其转向，风机正常转向时，风从底部向上吹入线圈,否则为反转。对温控仪等辅助设备,必须参照其使用说明书正确、可靠接线。当系统发生单相接地时,严禁操作消弧线圈隔离开关,投入后退出消弧线圈时应注意操作顺序。

(七) 电力电缆运行规定

电力电缆运行应重点关注温度影响,当电缆在运行中超过允许温度时,将加速绝缘老化。一般电缆的缆芯允许温度为 65℃。电缆芯的温度不能直接测量,可以测量电缆的表面温度,电缆芯与电缆的表面温度差一般为 15~20℃。当电缆的表面温度超过 80℃ 允许温度时,应采取限制负荷措施。检查直接埋在地下的电缆温度,应选择电缆排列最密处或散热情况最差处。

因为电缆线路故障多系永久性,所以全线敷设电缆的线路一般不装设重合闸,当断路器跳闸后不允许试送电。不同型式、不同额定电压、不同截面、在不同环境下运行的电缆有不同的最大长期运行电流数值。经常性负荷电流小于最大长期运行电流的电缆允许短时少量过负荷。电缆接入时,应核对相位正确。并列运行的电缆(包括单芯和多芯)应定期测量电缆芯载流是否平衡。

电缆主绝缘、单芯电缆的金属屏蔽层、金属护层应有可靠的过电压保护措施。严禁金属护层不接地运行。应严格按照运行规程巡检接地端子、过电压限制元件,发现问题应及时处理。交流电流和交流电压回路、交流和直流回路、强电和弱电回路,均应使用各自独立的电缆。

电缆头屏蔽线接地方式与零序电流互感器位置有关,当零序 TA 在屏蔽线上端时直接接地;零序 TA 在屏蔽线下方时,屏蔽线回穿零序 TA 再接地。

(八) 架空线路运行规定

光伏发电站送出线路一般采用架空线路,工作人员应掌握线路设备状况和维修技术。需明确点的所属线路产权分界点和维修界限,保证管辖范围内线路的正常运行。防止外力破坏做好线路保护及护线工作。导线、地线运行中需加强对防振装置的维护,以及对防振效果的检测。运行线路的杆塔上必须有线路的名称、杆塔编号、相位,以及必要的安全、保护等标志,同塔双回、多回线路需有色标。

检查基础回填土是否平整、有无塌陷,基础有无下沉及外露,保护帽是否完好,基础护坡、防洪堤或挡土墙是否完好,临近河床杆塔有无水流冲刷或被水流掏空地基的现象;杆塔是否倾斜,铁构件有无缺失、弯曲、变形、锈蚀,螺栓有无松动及缺失,敲击有无颤音;水泥杆有无裂纹、酥松,钢筋有无外露,焊接处有无开裂、锈蚀,拉线受力是否均匀,反光警示标示是否完好;销钉全部穿入螺栓内,开口在 60°~90° 之间;绝缘子是否完好、有无缺失,绝缘子串有无偏移现象、有无放电闪络痕迹、有无异物附着;悬垂线夹位置有无偏移现象,夹体有无断裂、锈蚀情况,与导线连接部位有无发热、放电现象，螺栓、U形螺栓紧固有无断裂、松动现象。架空线路巡视及基础检查如图7-12所示。

图7-12 架空线路巡视及线路基础检查

检查导线无断股、跨接线处安装完好，接点无放电痕迹，弧垂正常摆动无异常，无对树木放电现象；光缆无磨损，光缆引下线、熔接盒、余缆固定牢靠，弧垂正常摆动、无异常；避雷线无断股，接地可靠，跨接完好；避雷器安装牢固，并记录放电次数；瓷绝缘子无损坏、无放电闪络痕迹、无脏污，引线无脱离；电缆头固定完好，无放电闪络痕迹，无异味，防雨裙无破损、脏污，温度不大于70℃，屏蔽层固定牢靠、接地可靠；驱鸟器完好，无鸟巢；电缆、光缆引下线管完好、封堵完好、无锈蚀、固定牢靠，下侧无漏出线缆；交叉跨越处安全距离符合要求，杆塔周边及线路通道内无遮挡物，安全距离满足要求；线路杆塔相序牌、安全警示牌、编号牌无缺失、掉色。

六、 辅助设施的巡检

生活水系统及消防水系统是光伏发电站内主要辅助设备，巡视检查要求每日对生活水系统进行巡视。生活水设备、消防设备有无漏水现象，生活水箱水位、消防池水位是否正常，生活水排污泵启停控制是否正常，记录水泵房温度、湿度值，定期对水泵房进行通风换气。每月定期对生活水泵、排污泵进行绝缘测试，对生活水系统进行噪声分贝测试，对生活水系统双电源进行切换测试，对水泵房灭火器进行巡视检查。

七、 电化学储能设备的巡检

储能电站的运行模式、涉网设备参数的调整及操作电网调度许可范围内的设备，应按照电网调度机构的要求执行或者得到电网调度机构的同意。储能电站应定期对运行指标进行统计、对运行效果进行评价，统计方法和评价原则应符合GB/T 36549—2018《电化学储能电站运行指标及评价》的规定。

储能电站可分为削峰填谷、平抑功率波动、自动发电控制（AGC）、自动电压控制（AVC）、计划曲线控制、功率定值控制等运行模式，也可多种模式同时运行。储能电站储能系统运行工况可分为启动、充电、放电、停机、热备用等。

(一) 运行要求

雷暴天气禁止进入储能装置内部。若风沙及湿气的进入，可能会损坏箱式储能系统内的电气设备，或影响设备运行性能。风沙季节，或当周围环境中相对湿度大于95%时，不得开启箱式储能系统内设备柜门。大风后，应对集装箱内外部进行仔细检查，并彻底清扫。应定期查看直流箱内电池箱及电气柜内的风扇、变流器内模块冷却风机和每个机柜顶上的风扇运行是否正常，同时观察运行是否有摩擦声（若有，停电进行清灰或者更换）。箱式储能系统完全断电后，需要等待至少30min，以便内部电容放电完毕。在清除灰尘之前，应用万用表测量确认机器内部已完全不带电，以免电击。维护工作结束后，务必将所有拆下的维护网罩恢复至原始状态，如图7-13所示。

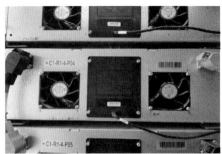

图7-13　储能外观检查及电池插箱巡视

(二) 故障处置

当电力系统发生故障时，储能电站运行应符合电网的相关要求。储能电站发生的异常及事故威胁电网安全时，应能快速切断与电网的联系。储能电站发生异常时，应加强监视和巡视检查，填写异常记录，填报检修计划。储能电站发生事故时，应立即启动相应的应急预案，并按照有关要求如实上报事故情况。

电网调度管辖范围的设备发生异常或事故时，运检人员应立即报告调度值班人员，并按现场运检规程和电网调度指令对故障设备进行隔离及处理。当发生储能系统冒烟、起火、爆炸等严重事故时，运检人员可不待调度指令立即停运相关储能系统，切断除安保系统外的全部电气连接，疏散周边人员，迅速采取灭火措施。储能电站正常运行时应对储能电站设备进行运行监视、运行操作和巡视检查。

第三节　光伏电站设备检修维护

一、 光伏支架检修维护

光伏支架螺栓紧固工作，应使用正确的方法和工具进行。光伏支架紧固过程中不能对光伏组件、光伏支架、光伏板电缆等造成任何损伤。紧固螺栓过程中如发现螺栓有变形、生锈、脱扣等现象，必须更换螺栓。螺栓紧固标准应符合国家力矩要求，紧固完成后由现场验收人员与工作负责人签字，双方确认后方可移交。完工后现场应做到工完、料尽、场地清。

二、光伏组件的运检修维护

(一) 光伏组件的投入、退出操作

1. 光伏组件的投入操作

光伏组件投入前应检查电池组件封装面完好无损伤，清洁，受光均匀，无突出的影响光强的污块。组件引出线无损伤，引线部位封装良好。汇流箱分路断路器断开，汇流箱对应的开关处于断开位置。将需投运的电池组件接入光伏阵列，并检查组件及组件连接头插接紧固。汇流箱分路断路器完好，将分路断路器投运。汇流箱输出开关合上后电池组件投入运行。

2. 光伏组件的退出操作

光伏组件输出功率明显降低、热斑严重、接线盒异常发热、表面破损的；组件封装面脏污，严重影响发电效率需集中清洗的；组件严重变形，危及光伏组件安全的；组件输出回路检修的应将组件退出。退出操作应遵循先负荷侧、后电源侧的操作原则，先拉开汇流箱输出断路，后拉开故障组串的正、负极支路熔断器。

(二) 组件清洗

光伏组件在运行中应保持表面清洁，光伏组件出现污物时必须对电池组件进行清洗，以保证电池组件转换效率。目测电池板表面较脏时安排清洗。清洗电池板时应用清水，不得使用锐利物件进行刮洗，以免划伤表面，不得使用腐蚀性溶剂冲洗擦拭。

1. 清洗时间

组件玻璃的清洗工作应选择在清晨、傍晚、夜间或者阴雨天进行，清晨或傍晚清洗应选择阳光暗弱的时间进行。

2. 清洗周期及区域

由于大型光伏发电站占地很广，组件数量庞大，而每天适宜进行清洗作业的时间又较短，因此光状发电站的清洗工作应规划清洗周期并根据电场的具体划分区域进行，以便使用最少的人力完成清洗工作。清洗工作的区域划分应按照光伏发电站的电气结构进行，同时应确保每次的清洗工作能够覆盖汇流箱和逆变器所连接的所有组件。

3. 常规清洗步骤

第一步：清扫。应使用干燥的扫帚或抹布等将组件表面沉积的灰尘和落叶等除去。

如果组件表面没有其他沉积物，同时按此步骤组件已经清理干净，则可免去下面的步骤。

第二步：刮。如果组件上有紧密附着其上的硬性异物，如泥土、鸟粪、植物枝叶等物体，则需使用无纺布或者毛刷清洁，但不能使用坚硬的物器刮擦，也不要轻易刮擦没有附着硬性异物的区域，做到清除异物即可。

第三步：清洗。如果组件表面有染色物质，如鸟粪、植物汁液等，或者场内空气湿度很大，灰尘难以去除，则必须通过清洗清除。将清洗水喷到有污染物的区域后，同时使用毛刷清洗除去。如有油性物质，可以使用含酒精的水混合物涂在污染区域，等溶液渗透污染物后使用毛刷清洁。如还无法去除，可以使用商用玻璃清洗剂，同时使用无纺布清洁。

第四步：除雪。产品设计的组件能够承受较高的雪的压力。如果需要通过清除积雪以提高输出功率，需使用毛刷轻柔地除去积雪，但不要尝试除去组件上冻结的雪或冰。

4. 清洗注意事项

严禁不戴手套触摸或处理组件玻璃的表面，使用清洗手套能够避免指纹或其他污垢残留在玻璃上。严禁使用小刀、刀片、百洁布等工具清洗，可以使用各种软质泡沫材料、无纺布、扫帚、软海绵、软刷和毛刷等。毛刷推荐使用直径在 $0.06\sim0.1$ mm 的尼龙线。只有在清洗水不能清洗干净的情况下，才可以使用一些商业玻璃清洗剂、酒精、乙醇、甲醇等。严禁使用研磨粉、磨砂清洗剂、洗涤清洗剂、抛光机、氢氧化轴、苯、硝基稀释剂、酸或碱和其他化学物质。

一般在辐照度低于 200 W/m² 的情况下清洁光伏组件，不宜使用与组件温差较大的液体清洗组件。严禁在风力大于 4 级、大雨或大雪的气象条件下清洗光伏组件。清洗水压必须低于 3000 Pa。大部分城市用水都可作为清洗用水使用，不推荐使用矿物质含量较高的水，水干后会导致矿物质沉积在玻璃表面。水温和组件温度的差异必须在 $-5\sim10℃$ 之间，同时 pH 值在 $6\sim8$ 之间。严禁使用蒸汽或者腐蚀性化学试剂加速清洗。严禁尝试在电线破损或损坏的情况下清洗玻璃或组件，可能会导致电击。

5. 清洗验收

目视电池板整体外观清洁、明亮、无污渍。抽样检查电池板表面无积灰。用手轻轻触摸电池板表面无未处理干净的粉尘。抽查组串电流，同辐照量下对比组串电流升高百分数。做好清洗前后逆变器电流、电压、功率对比表，检查清洁效果，确定实际提高电流百分数。

(三) 光伏区除草

光伏组件清洗及光伏区除草作业如图 7-14 所示。光伏区除草不应使用国家明令禁用的有毒、有害物质，若使用药剂除草，不得将药剂等喷洒在光伏板上。除草后要将杂草及其他废弃物统一收集、统一处理，做到工完、料尽、场地清。光伏发电站除草后草高度需小于3cm；对柠条必须除根，在除根时不得使用大型机器，以免破坏地埋电缆。防火隔离带应保持无任何杂草，在清除完成后应每月定期对其进行检查，在定期检查中发现新生杂草及时进行清除。

图7-14 光伏组件清洗及光伏区除草

三、 光伏汇流箱的检修维护

（一）组串输出无电流处理

如图7-15所示，查看该汇流箱的测控装置，确认该支路失电，用万用表测量该支路的正、负极熔断器是否击穿，测量该支路的开路电压是否正常，对于熔断器熔断的支路及时更换熔断器；该支路开路电压不正常或极低的，应测量该支路正、负极有一极接地，找出接地点进行处理；二极管烧坏的应及时更换二极管。

（二）测控装置通信中断处理

查看中断汇流箱的通信线是否松动，通信线不松动的应检查连接通信柜的电缆是否接地，如接地找出故障点或更换通信线；测控板损坏的应及时更换。

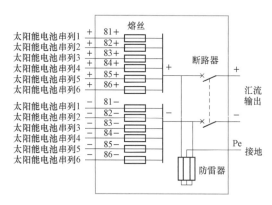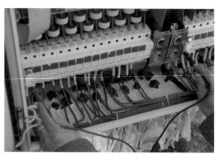

图7-15 汇流箱支路失电故障查找

四、 光伏逆变器的检修维护

(一) 逆变模块维护检修

只有经过培训合格的授权工程师才可维护逆变模块。拆卸逆变模块的原则是自上而下进行拆卸，以防止机柜因重心太高而倾倒。逆变模块拔出自放电后才可进行模块的维护，10min 后重新插入机柜。

(二) 逆变模块维护操作

将需维护的逆变模块的就绪开关往上拨（即未就绪状态），取下逆变模块前面板两侧固定螺钉，将模块拔出机柜。逆变模块维护完成后，确认逆变模块的拨码开关设置正确，且就绪开关处于未就绪状态（往上拨）。将逆变模块插入机柜，并拧紧两侧螺钉。将逆变模块的就绪开关往下拨，使模块就绪，逆变模块会自动加入系统工作。

(三) 防尘网更换

打开主逆变机柜前门，可见前门背面的防尘网（见图 7 - 16），松开防尘网固定条的上下两颗螺钉，取下防尘网，并插入干净的防尘网。

图 7 - 16　逆变器检修维护

五、 光伏变压器的检修维护

(一) 设备检查

变压器应清扫干净、整洁，安装件齐全无缺损；各连接紧固件应连接可靠，无松动、锈蚀。各转动传动部分动作灵活，无卡滞，润滑良好；导电接触部分应无过热、氧化、弧光灼伤现象，接触部分良好，无腐蚀、变形；仪表齐全，指示正常。设备密封良好，吸湿器内干燥剂无受潮失效；设备定位牢固可靠；接地完整可靠。

(二) 绝缘油化验

气体含量超过下列任一值时应引起注意并跟踪分析，总烃大于 $150 \times 10^{-6} \mu L/L$，氢气大于 $150 \times 10^{-6} \mu L/L$，乙炔大于 $5 \times 10^{-6} \mu L/L$；数据分析时应比较前几次的测量数据，做出综合结论。220kV 变压器油击穿电压应不小于 35kV，35kV 变压器油击穿电压应不小于 30kV。

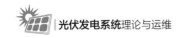

（三）变压器测试

直流电阻相同差别不大于平均值的 2%，且与历次测量值相比无显著变化。绕组绝缘电阻吸收比极化指数测量时，吸收比不低于 1.3，极化指数不低于 1.5 且与历次测量值相比无明显变化。绕组介质损耗测量时，测量调变一次对其余绕组及地的介质损耗。铁芯的绝缘电阻测量采用 2500V 或 5000V 绝缘电阻表测量，变压器油排尽后应用 1000V 绝缘电阻表测量，测量值应与历次测量值相比无明显变化。

（四）常见典型故障检修

变压器铁芯接地为常见故障。铁芯多点接地故障对变压器危害较大，在变压器正常运行时，不允许铁芯多点接地。因为变压器正常运行中，绕组周围存在着交变的磁场，由于电磁感应的作用，高压绕组与低压绕组之间，低压绕组与铁芯之间，铁芯与外壳之间都存在着寄生电容，带电绕组将通过寄生电容的耦合作用，使铁芯对地产生悬浮电位。由于铁芯及其他金属构件与绕组的距离不相等，使各构件之间存在着电位差，当两点之间的电位差达到能够击穿其间的绝缘时，便产生火花放电。这种放电是断续的，长期下去，对变压器油和固体绝缘都有不良影响。为了消除这种现象，把铁芯与外壳可靠地连接起来，使它与外壳等电位，但当铁芯或其他金属构件有两点或多点接地时，接地点就会形成闭合回路，造成环流，引起局部过热，导致油分解，绝缘性能下降，严重时，会使铁芯硅钢片烧坏，造成主变压器重大事故。

（五）故障原因

主要故障原因包括安装时疏忽使铁芯碰壳，碰夹件；穿芯螺栓钢座套过长与硅钢片短接；铁芯绝缘受潮或损伤，导致铁芯高阻多点接地；接地片因加工工艺和设计不良造成短路；由于附件引起的多点接地；遗落在主变压器内的金属异物和铁芯工艺不良产生毛刺、铁锈与焊渣等因素引起接地。

（六）处理方法

对于铁芯有外引接地线时，可在铁芯接地回路上串接电阻，以限制铁芯接地电流，但此方法只能作为应急措施采用。对于金属异物造成的铁芯接地故障，进行吊罩检查，可以发现问题。对于由铁芯毛刺、金属粉末堆积引起的接地故障，用电容放电冲击法、交流电弧法、大电流冲击法处理效果较好。

变压器检修后，在投运前应进行核相。新建、改扩建或大修后的变压器，应在投运带负荷后不超过 1 个月内（但至少在 24h 以后）进行一次精确检测。

六、 光伏开关柜的检修维护

（一）定期检修

清扫各部位尘土，特别是绝缘表面的尘土，擦净灰尘。检修程序锁和机械联锁及电磁锁，应动作灵活可靠，程序正确。按规定进行断路器、隔离开关等的检修，调试检查电气接触部位，接触情况应良好，接地回路应保持连续导通。紧固各螺钉、销钉。活动部位需注油处，应注润滑油。

(二) 日常检修

检查紧固件是否有松动，发现有松动的应予拧紧；母线连接处接触应严密，如有接触不良，应进行检修；手动操作隔离开关、断路器、机械联锁程序等 3～5 次，应灵活、无卡住现象，且应动作准确，程序无误；检查断路器、隔离开关的机械特性，应符合相关规定要求；断路器中的操动机构还需按规定进行最高工作电压、最低工作电压的操作试验，合分应正常。

主回路电阻测量时，测量部位为断路器和电气连接端子，断路器应不超过其标准规定值，电气连接端子应不大于 $1\mu\Omega$，测量方法采用直流压降法，通以 100A 直流电流测其电压降。主回路工频电压试验，在相对地和相间，施加交流 50Hz 根据开关柜的额定电压，应无击穿闪络现象。开关柜检修分为有故障检修和定期检修，故障检修是为防止故障运行和防止事故扩大，在发现事故出现或断定事故即将出现时，立即对故障部位进行检修，及时排除故障。

七、 光伏电化学储能设备的检修维护

(一) 储能检修管理

1. 设备定期维护

储能电站的维护工作应结合设备运行状态、异常及故障处理情况，通过智能分析确定维护方案。根据维护方案，在维护前完成所需备品备件的采购、验收和存放管理工作及工器具的准备工作。储能电站储能设备维护包括电池（见图 7-17）、电池管理系统、储能变流器的清扫、紧固、润滑及软件备份等。储能变流器、电池及电池管理系统和空调系统的维护，应按照检修规程进行相应的处理。

图 7-17　储能电池舱

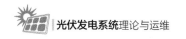

2. 检修要求

分析和控制检修过程作业环境等存在的安全风险,制定检修过程中的环境保护和劳动保护措施;雷雨天气时禁止开展储能系统设备检修维护。工作布置时,明确工作地点、工作任务、工作负责人、作业环境、工作方案和书面安全要求,以及工作班成员的任务分工。检修人员应被告知其检修作业现场存在的危险因素和防范措施。储能电站电气设备应满足停电、验电、接地、悬挂标示牌和装设遮栏(围栏)等技术要求。

3. 检修条件

储能"远方/就地"控制方式应在"就地"位置,对检修设备进行清扫和常规性检查,清扫完成且常规性检查合格后再进行设备检修。现场应满足通风条件,检修人员应随身携带易燃易爆气体探测器。当易燃易爆探测器发生告警时,检修人员要迅速撤离作业区域。需接引工作电源时,应装设满足要求的剩余电流动作保护器,检修前应检查电缆绝缘良好,剩余电流动作保护器动作可靠。作业现场保持可靠通信,随时保持各作业点、监控中心之间的联络,人员不应单独作业。不应将储能系统启动并网运行。应避免高处作业,确需高处作业时应做好相应的防坠落安全措施。

4. 修后工作

核对电池管理系统、储能变流器、其他电气设备运行参数及保护定值,恢复正常设置。进行关键部件更换、维修等重要检修项目的被修设备应进行现场检测,设备性能满足相关标准的规定后方可并网运行。编制检修报告,检修记录等资料应建立文档台账并存档管理。

(1) 电池管理系统检查。电池支架应结构设计稳固、载荷承重可靠,具备相关的合格证书;同时可靠接地,检修前应进行导通测试。检修人员应定期根据电池电压、电流、温度、能量状态等运行数据,以及充放电能量、充放电效率等测试数据,对电池进行状态评估,并出具状态评估报告,适时进行预防检修。锂离子电池系统离线均衡或活化、电池更换后,应进行充放电能量及效率测试等修后试验,试验结果应满足规定的要求。检修人员进行电池检修时应佩戴绝缘手套。检修工具应进行绝缘包扎,以防止正、负极短路。金属导线应进行绝缘包扎,并采取防止开关误合的措施,以防止人员触电。锂离子电池在拆卸前应标明正、负极,防止检修完成后安装过程中电池正、负极接反,造成短路。

(2) 电池修后检查。检查电池实际容量并重新标定容量,调整电池电压一致性偏差,检查电池连接线螺栓力矩,确保可靠连接,防止虚接。电池管理系统检修过程中应采取防静电措施,防止静电放电导致电路板损坏。电池管理系统更换前,应确认更换的电池管理系统型号、软件版本一致;更换后,应检查电池管理系统遥测、遥信功能正常后,方可投入运行。

（二）储能变流器检修

储能变流器（见图 7-18）检修前，应具备以下条件：储能变流器机柜内具备适当的保护措施，避免检修人员直接接触电极部分，储能变流器可靠接地，储能变流器所有进、出线开关应断开，并采取措施防止误合。储能变流器应停电并验明交、直流侧确无电压，对工作有可能触碰的相邻带电设备应采取停电或绝缘遮蔽措施，符合停电工作的安全要求。

图 7-18　储能变流器

储能变流器检修过程中，应满足以下要求：采取防静电措施，防止静电放电导致监控电路板和半导体器件损坏。半导体器件的备品在存储时应采取防止静电、电磁辐射的措施。储能变流器内部电抗器、电容器等储能元件更换过程中，应对电容器、电抗器进行充分放电，以防止人员触电和设备短路。电缆接引完毕后，储能变流器本体预留孔洞及电缆管口应进行防火封堵。隔离变压器、电抗器等重型设备搬运过程中应采取防滑落措施，以防止砸伤检修人员。储能变流器检修后，应核对保护整定值，重要保护整定值应记录备案，并检查保护压板，保护压板应投退正确。

（三）其他设备检修

储能监控系统更换硬件设备时应采取措施防设备误动、防静电。采暖设备检修安全技术措施应符合 GB 50242—2002《建筑给水排水及采暖工程施工质量验收规范》的要求，通风和空气调节系统检修安全技术措施应符合 GB 50243—2016《通风与空调工程施工质量验收规范》的要求。采暖设备检修时，应采取防止检修人员被高温烫伤以及被高温液体喷溅灼伤的措施。通风风机无法正常运行时应修理异常风机，应及时更换严重异响、无法正常转动的故障风机。消防设施检修应采取防止灭火系统、灭火器误动作的措施，防止检修人员吸入过量气体窒息。预制仓出现冷凝现象时，应检查预制仓密封情况，并采取隔离保温措施。

（四）储能的试验

储能电站试验分为设备本体试验、分系统试验和储能电站整站试验等类型。电池、电池管理系统、储能变流器、监控系统等关键设备生产和供应单位应协助储能电站管理单位做好试验过程的安全工作。试验前应根据现场实际情况编写试验方案，方案内容应包括试验职责分工、试验内容和方法、安全组织措施和技术措施、危险源、应急预案等。试验过程中应严格落实保障安全的组织和技术措施。

进入电化学储能电站开展试验工作前，应检查监控系统无异常现象。进入电化学储能电站开展试验工作时，应明确试验负责人。试验负责人在试验开始前，应对全体试验人员进行试验（安全技术）交底，明确工作任务、危险点及危险源。试验人员试验前应核对各被试产品名称、型号、位置，应掌握被测设备及周围的安全风险点。试验电源电压、频率、容量应能满足试验设备要求，试验电源开关的保护参数应正确整定。试验现场储能室内或预制舱内灯光照明、空调、试验电源、试验装置应已具备并可投入使用，现场消防设施应完备或具有有效的临时消防设施，试验所需各种技术文件、设计图纸、检测报告齐全。储能电站宜定期进行运行状态分析试验，分析试验结果应与历次同类分析结果相比较，了解变化规律和趋势。图 7 - 19 所示为储能电池管理及储能变流器参数核对界面。

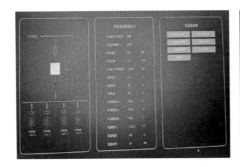

图 7 - 19　储能电池管理及储能变流器参数核对界面

分析试验应包括但不限于以下几方面：

（1）性能方面。储能系统容量衰减及充放电效率、电能质量、电池荷电状态标定等。

（2）保护功能。电池管理系统和储能变流器继电保护动作情况、保护功能可靠性试验、保护定值合理性分析等。

（3）安全方面。电池舱内电池模块运行温度极值及最大温差分析，电池簇内电池单体压差极值及最大电压差分析，电池簇正、负极对地绝缘电阻变化趋势分析、故障分析等。

（4）消防方面。可燃气体浓度、火灾报警信号、自动灭火系统动作情况等。

电化学储能电站每次试验过程应有完整、详细的记录，包括试验工作票、检查记录、试验过程记录、试验数据等。试验开展前，应确认试验设备的量程、精度、容量等能满足相关试验的要求。

（五）试验区域要求

储能电站试验区域应光线充足，当试验区域位于室内时，应保持良好的通风条件。试验区域应做好停电、验电、接地、悬挂标示牌和装设遮拦等安全技术措施，站内运行设备的遮拦、网门、通道等处应挂有明显的警告牌，严防误碰带电设备，误入带电间隔。在同一试验场所内同时进行不同的试验时，各试验区域间应按各自的安全距离用连栏隔开，同时设置明显的标示牌，留有安全通道。电池本身带电且电压较高，应视作电源，做好防触电、防止电池向停电设备反送电的措施。储能电池检修或更换完毕后，安装前应测量电池的开路电压，应使同一电池簇内电池模块、电池单体电压保持一致。新换电池模块应测试电池容量，使同一电池簇内电池模块容量亦保持一致，并进行记录。锂离子电池检修后试验结果应满足 GB/T 36276—2023《电力储能用锂离子电池》的要求。电池管理系统检修或更换后，应确认各级模块连接正确、显示正常。电池管理系统检修后试验结果应满足 GB/T 34131—2023《电力储能用电池管理系统》的要求。

电池试验操作过程中，禁止不带绝缘防护同时接触电池正、负极，禁止在电池及其架构上放置工具。试验全过程都应开启电池保护功能，监控好每一个（串）电池单体电压，做好防止电池短路、过充电、过放电、过温、反接的措施，拆装、移动电池应做好防振动、防跌落、防碰撞、防短路的措施。

储能变流器检修后送电前，应确认无工器具、接地线等遗留在柜内，并关好柜门，应测量、核查交、直流侧绝缘是否正常，直流侧极性是否正确，交流侧相序是否正确，冷却系统是否正常。储能变流器的检修后试验包括但不限于外观检查、通信检查、定值参数核查、冷却系统检查、绝缘性能测试、保护功能测试等。若涉及主要零部件维修更换，应进行效率测试、电能质量测试、充放电响应时间测试、功率控制测试等并网性能试验，结果应满足 GB/T 34120—2023《电化学储能系统储能变流器技术要求》的要求。

（六）试验异常及事故处理

试验过程中，应全过程有人监视，凡遇到异常如直流系统接地、断路器跳闸、保护告警等情况时，不论与本工作是否有关，试验人员都应在确保安全的前提下立即停止试验，保持现状，查明原因，隔离故障现场，按照安全工作规程进行处置。图 7 - 20 所示为储能电池仓内部及外观。

试验过程中，若发现电池室、舱出现冒烟、放电、电流急剧增大、温度突然升高等异常情况，出现消防告警或可能引起储能系统火灾事故的紧急情况时，应立刻停止试验，快速撤离作业现场至安全区域，并立即报告。值班人员应先通过远程监控查看电池温度、可燃气体浓度、烟气、火焰等信息，迅速判断事故的紧急程度和危险性，并根据相应应急预案进行处置。电池室（舱）开门检查前应确认电池温度、可燃气体浓度已降至安全范围，如果无法确认，应在明火消失 24h 以上才可开电池室（舱）门。

图 7 - 20　储能电池舱

试验过程中若发生火灾事故，应立即启动消防应急预案，报告上级管理部门并报火警。操作人员应立即停运着火设备及受威胁的相邻设备，如果存在直接危及人身安全的紧急情况时，应立即撤离，确保人身安全。灭火前后电池室（舱）开门前应进行强排风，确认可燃气体浓度已降至安全范围，防止爆炸，灭火完成后应做好防止复燃措施。

本　章　小　结

本章概述了光伏发电站的运行及检修维护，包括相关要求及具体运检项目。根据运检工作流程，介绍了一般巡视及特殊巡视的相关内容，以及组件、汇流箱、逆变器直流柜的具体巡视要求。在运行方面，对光伏发电站各类型设备的巡视周期及标准进行了明确；在检修方面，介绍了光伏组件清洗、光伏区除草及支架调整等定期检修工作的技术要求，最后对汇流箱、逆变器模块、变压器检修维护进行了详细描述，本章为光伏发电站运行及检修提供了技术指导。

第八章　光伏发电站典型生产操作

本章主要目的是通过对光伏运维及检修过程中常见问题的标准化、规范化操作训练，帮助光伏技术人员熟练掌握光伏发电站常见问题处理的基本技能，提升光伏问题分析能力，加强对光伏技术标准、规程的理解。

第一节　光伏组件性能检测

光伏组件现场故障检测一般通过外观检查、I-V 曲线测试、红外热成像测试和电致发光测试等方法实现，光伏运维技术人员有必要熟练掌握相关方法。

一、外观检查

光伏组件现场外观检查以肉眼识别为主，重点检查光伏组件的电池片有无裂纹、缺角和变色；面板玻璃有无破损（见图 8-1）、污物；光伏组件上、下层和接线盒有无脱层现象；边缘有无气泡；边框和接线盒有无损伤或是变形，组件是否有生锈；光伏组件电缆引线的绝缘层是否有损坏等。

二、I-V 曲线测试

（一）测试原理

光伏组件产生的电能是电流 I 和电压 V 特性的函数。当光伏组件处于特定的辐照度和温度条件下，将光伏组件连接的可变负载从 0 变化到无穷大，测量电流和电压之间的关系，可以得到光伏组件的 I-V 特性曲线，如图 8-2 所示，曲线上的每一个点称为工作点，工作点的横坐标和纵坐标即为相应的工作电压和工作电流。

图 8-1　光伏组件面板玻璃破损

若光伏组件连接的负载变化为某一个特定值时，在曲线上得到一个工作点，其对应的工作电流与工作电压之积最大（$P_m = I_m \times V_m$），称为光伏组件的最大功率点，其中，I_m 为最佳工作电流，V_m 为最佳工作电压，P_m 为最大输出功率。$I\text{-}V$ 曲线与电流和电压坐标轴的交接点分别表示短路电流 I_{sc} 和开路电压 V_{oc}。

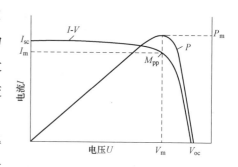

图 8-2　光伏组件 $I\text{-}V$ 曲线

改变光伏组件的辐照度、温度条件，可以得到不同的 $I\text{-}V$ 特性曲线，通过分析曲线的形状和特征可以评估光伏组件的性能。

（二）测试方法

1. 测试准备

$I\text{-}V$ 测试设备应经过检定且检验合格，根据被测试组件的特性、类型和数量对测试仪器进行设置。

2. 测试操作流程

（1）要在自然太阳光下测量，必须要在一次测量期间总辐照度（直接辐射＋天空散射）不稳定度不大于±1%。如要求测量结果仍以标准测试条件为参照，则辐照度应不低于 800W/m²。

（2）与 $I\text{-}V$ 测试仪相关的辐照度计安装应与光伏组件平面匹配，并对辐照度计进行检查以确保其不受任何局部遮光或反射光的影响。在使用参考电池装置的情况下，应对电池装置进行检查，以确保其与被测光伏组件具有相同的电池技术，或者针对技术上的差异进行适当的修正。

（3）$I\text{-}V$ 测试仪使用电池温度探头时，应与组件背面紧密接触，且避免造成热斑点。

（4）连接 $I\text{-}V$ 测试仪与待测光伏组件正、负极，采用 $I\text{-}V$ 测试仪记录被测光伏组件的电流－电压特性、温度及辐照度。

（5）根据测量结果的参照条件，将实测的电流－电压特性修正到所需的辐照度和温度条件。

（三）结果分析

通过光伏组件 $I\text{-}V$ 曲线测试，可以定量分析光伏组件功率衰减情况，也可以通过曲线特征定性判断光伏组件异常状况。

（1）通过光伏组件 $I\text{-}V$ 特性曲线测试，可以分析光伏组件标准测试条件的功率衰减，见表 8-1。

光伏组件功率衰减测试数据

表 8 - 1

| 测试项目 | | | | | | | | | | | | 光伏组件功率衰减测试 |
| 被测组件位置 | | | | | | | | | | | | 01 - XB01 - NB05 - 11 组串 |
组件序列号	标称功率(W)	U_{oc}(V)	I_{sc}(A)	V_{m}(V)	I_{m}(A)	P_{m}(W)	辐照度(W/m²)	电池结温(℃)	修正功率(W)	功率衰减率(%)	3次平均功率衰减率(%)
001	445	46.8	12.57	37.5	11.22	420.75	1057	32.31	408.52	8.20	7.96
		46.8	12.53	37.5	11.22	420.75	1056	33.21	410.23	7.81	
		46.8	12.53	37.5	11.22	420.75	1058	33.62	410.05	7.85	
002	445	46.8	13.03	37.6	11.23	422.25	1060	34.22	411.63	7.50	7.07
		46.9	13.05	37.7	11.25	424.13	1058	34.42	414.54	6.85	
		46.9	12.61	38	11.15	423.70	1058	34.62	414.42	6.87	
003	445	47	12.94	37.5	11.28	423.00	1057	34.71	414.27	6.90	7.04
		46.9	12.53	37.6	11.27	423.75	1061	34.82	413.61	7.05	
		46.9	12.57	37.6	11.27	423.75	1063	35.03	413.14	7.16	

（2）光伏组件 I-V 曲线可以反映出光伏组件异常情况，如图 8-3 所示。常见的 I-V 曲线异常情况包括低电流、水平腿陡坡（斜率增大）、阶梯（凹陷）、竖直腿浅坡（斜率减少）、低电压等。

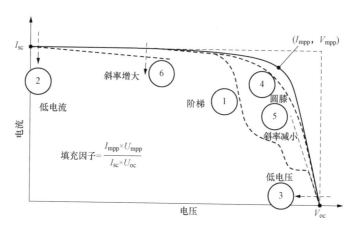

图 8-3　光伏组件 I-V 曲线异常

——正常曲线

1）低电流产生原因：光伏组件有脏污、污垢；光伏组件劣化；使用的辐照度仪读数不准确。

2）水平腿陡坡（斜率增大）产生原因：光伏组件中的分流路径；光伏组件连接中的分流路径；光伏组件 I_{sc} 不匹配。

3）阶梯（凹陷）产生原因：组件局部有遮挡、污渍，光伏电池损坏；旁路二极管短路。

4）竖直腿浅坡（斜率减少）产生原因：组件串联电阻增加；光伏配线损坏或故障；组件或阵列互连处故障。

5）低电压产生原因：旁路二极管故障；组件明显的、均匀的遮挡；电势诱导衰减（PID）。

三、红外热成像测试

（一）测试原理

红外热成像测试方法基于红外热成像技术，能够通过非接触的方式检测物体表面的热辐射，将物体表面的温度分布状况转换成可视化的图像。光伏组件在运行时，可能会由于电池片异常、接触不良等问题导致局部热点，称为热斑。光伏组件异常的温度不均匀现象可以通过红外热成像测试检查发现，进而判断光伏组件是否存在故障。测试所使用的设备为红外热成像仪，可以感测出物体的热量分布图。

（二）测试方法

1. 测试准备

光伏组件处于正常发电运行状态，太阳辐照度高于 $600\mathrm{W/m^2}$，以确保有足够的电流使有温度的部位产生高温。

2. 测试操作流程

（1）红外热成像仪开机，并完成设备温度自动检验，当热图像稳定，数据显示正常后开始工作。

（2）使用红外热成像仪正对待测光伏组件，使其处于仪器显示的视界内正中位置。

（3）调节探测器焦距，使其取景图像清晰。

（4）使红外热成像仪取景屏幕中心测温准星指向被测组件存在局部热斑的部位，读取热斑温度，按键截取并保存图像。

（5）进行图像分析，结合光伏组件外部特征，确定热斑成因。

（三）结果分析

当光伏组件热异常电池片与邻近正常电池片的温度差异超过 20℃，判定为热斑组件；当光伏组件热异常电池片与邻近正常电池片温度差在 10～20℃之间时，宜结合热异常电池片的数量、面积等因素，建立案例库并定期检测，跟踪其变化趋势。红外热成像测试应重点发现光伏组件电池片、旁路二极管、接线盒、焊带、连接器等异常，光伏组件遮挡等问题。遮挡造成的光伏组件热斑案例见表 8 - 2。

表 8 - 2　　　　　　　　　　　遮挡造成光伏组件热斑案例

序号	热斑图像	现场参考图
1		
	描述：光伏组件因杂草遮挡形成热斑	
2		
	描述：光伏组件因临近箱式变压器形成阴影遮挡，导致其形成热斑	

四、 电致发光测试

(一) 测试原理

电致发光（electroluminescent，EL），又称为场致发光，是指电流流过物质时或物质处于强电场下的发光现象。对于晶体硅光伏组件，在掺杂的 Si 晶体中存在施主、受主能级，以及其他杂质能级、缺陷能级等，注入的非平衡载流子会在上述能级间复合发光。由于上述能级间能量小于 Si 的带隙宽度 E_g，因此辐射光的波长大于 1110nm。

由图 8 - 4 可以看出，左侧有个峰值，对应于 1110nm，为 Si 的带间复合发射峰。由于载流子的热分布，电子并不完全处于导带底，空穴也不完全处于价带顶，因此带间复合的发射光谱有一定的宽度。对于 Si，其带间复合宽度在 1000～1300nm。在图 8 - 4 的右侧 1300～1700nm 也存在发光光谱，该光谱主要为缺陷能级复合的发光光谱。

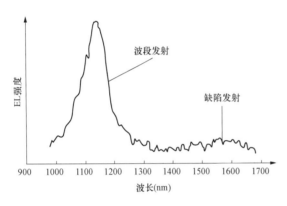

图 8 - 4　Si 的电注入发光光谱

(二) 测试方法

1. 测试准备

EL 测试前，应对 EL 检测设备运行状态检查，对相机的曝光时间、光圈、感光度等测试参数设置。

暗室：在室内可保证测试环境黑暗，而且暗室的门或者窗户可正常开关；不具备室内条件时，也可在室外夜间环境下测试。

电源：可提供 0.1 倍以上的 STC 下的短路电流。

测试参数设置：根据待测组件参数设置电流参数不小于 0.6 倍的 I_{sc}。

外观：待测组件表面应清洁、干净，确认无明显的干扰测试结果判断的脏污、异物或划痕等。

2. 测试操作流程

（1）打开暗室或在室外夜间环境下，将光伏组件放入测试区域，使其表面与成像镜头垂直，镜头应对准待测光伏组件的中间区域；保证测试光伏组件在测试区域可以成像。

（2）电源与待测光伏组件连接如图 8 - 5 所示，将测试光伏组件正极与恒流电源正极相连，负极与恒流电源负极相连，打开移动电源开关。

（3）输入测试组件的编号或序列号，关闭暗室或在室外夜间环境下开始拍照（见图 8 - 6），确认图片质量。

（4）保存图像，合理处置测试光伏组件。

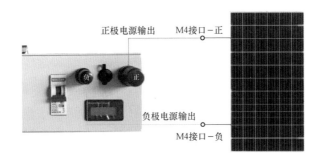

图8-5　移动电源与光伏组件连接

（5）检查测试图片所示缺陷，并按照缺陷分类判定缺陷类型。

（三）结果分析

晶体硅光伏组件缺陷可归纳为形状类、亮度类、位置类三大类。

1. 形状类缺陷

形状类缺陷主要包括微裂纹、裂片、黑斑、绒丝、网络片、刮伤、同心圆；电池片表面的微裂纹，可包括平行于焊带、垂直于焊带、非贯穿性、45°、交叉、脉状微裂纹。

图8-6　EL室外环境下现场测试

（平行于焊带）的微裂纹：通常裂纹方向与焊带保持平行，由电池片的一边边缘到另一边边缘，如图8-7所示。

图8-7　平行于焊带的微裂纹

（垂直于焊带）的微裂纹：垂直于焊带的贯穿性裂纹，如图8-8所示。

（非贯穿性）微裂纹：从电池片边缘延伸到电池片内部的非贯穿性裂纹，如图8-9所示。

（45°）微裂纹：从电池片一端延伸到另一端的斜裂纹，如图8-10所示。

（交叉）微裂纹：2条或多条交叉的裂纹，如图8-11所示。

图 8-8　垂直于焊带的微裂纹

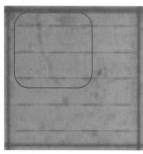

图 8-9　非贯穿性微裂纹

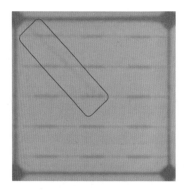

图 8-10　与焊带成 45°的微裂纹

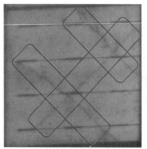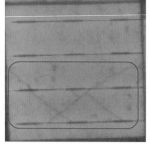

图 8-11　交叉微裂纹

（脉状）微裂纹：脉状的多条裂纹，且延伸到多个电池片边界，如图 8-12 所示。

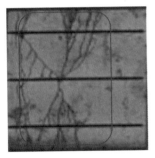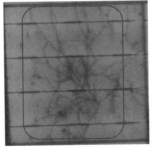

图 8-12 脉状微裂纹

裂片：图像中呈现黑色或暗色电池片裂片区域，这些区域已从电路中部分或全部分离，如图 8-13 所示。

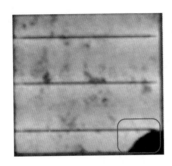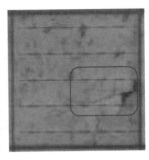

图 8-13 裂片

黑斑：分布在电池片上的不规则黑色斑状区域，如图 8-14 所示。

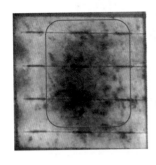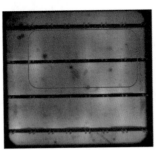

图 8-14 黑斑

绒丝：分布在电池上的绒状或云状暗色区域，如图 8-15 所示。

刮伤（线痕）：电池表面不连续的线痕，如图 8-16 所示。

2. 亮度类缺陷

亮度类缺陷主要包括失配、短路、虚焊（暗斑）、过焊、亮斑等。

失配：同一组件中不同电池呈现不同的亮度，如图 8-17 所示。

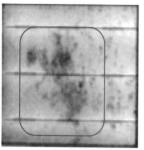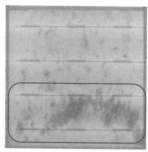

图 8-15　绒丝

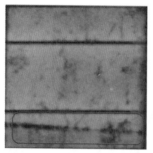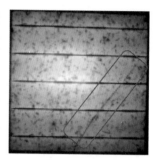

图 8-16　刮伤的图像

图 8-17　失配

短路：整个电池片或电池串成全黑色，或者较其他偏暗的电池片，且其焊带两侧分布有暗色区域，如图 8-18 所示。

图 8-18　短路

暗斑：分布在焊带两侧的黑色区域或分布在焊带单侧的黑色区域，从焊带边缘延栅线方向整齐延伸，如图 8-19 所示。

图 8-19　暗斑

亮斑：分布在焊带两边的明亮区域，是电流分布不均的表现，如图 8-20 所示。

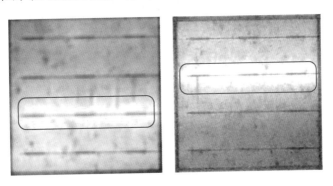

图 8-20　亮斑

3. 位置类缺陷

位置类缺陷主要包括断栅、黑边、黑角。

断栅：焊带之间或焊带与电池片边缘间的黑色条状区域，如图 8-21 所示。

黑边：一条或多条电池片边缘的黑色区域，如图 8-22 所示。

黑角：位于电池片角的一个或多个黑色区域，如图 8-23 所示。

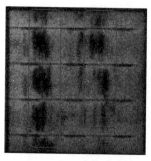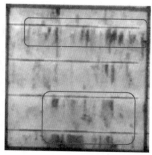

图 8-21　断栅

图 8-22　黑边

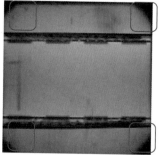

图 8-23　黑角

第二节　光伏发电单元安装调试

一、光伏组件安装

（一）安全防护用品及工器具

安全防护用品：安全帽、工作服、警示服、绝缘鞋、防护面罩、绝缘手套。

工器具：数字万用表、钳形电流表、绝缘夹钳、MC4 插头专用工具、棘轮两用扳手、内六角扳手。

（二）操作流程

办理工作票：正确办理工作票。

安装位置核对：正确穿戴安全帽、工作服、警示服、绝缘鞋，核对确认需安装的光伏组件所在子阵汇流箱编号、支路编号、数量及所在具体位置，准备开工。

停电：正确戴绝缘手套、防护面罩；断开汇流箱出线开关，使用绝缘夹钳取下对应支路正、负极熔断器；使用数字万用表测量汇流箱该支路正、负极之间及对地电压，确认无电压。

安装操作：安装前核对待安装光伏组件型号与支路中其他光伏组件型号参数一致，接线盒及正、负极线缆完好，MC4 插头外观完好，光伏组件整体外观完好；测量光伏组件开路电压正常；光伏组件核对无误后，两人拿住光伏组件的两个短边，同时用力，把光伏组件竖直抬到对应光伏支架前；安装固定光伏组件，组件固定应横平竖直、固定牢固，不应有螺栓松动，且光伏组件安装过程不应对光伏组件表面施压。

送电：佩戴绝缘手套、防护面罩；恢复该支路 MC4 插头连接，检查 MC4 插头无松动；使用数字万用表在汇流箱内测量该支路开路电压及对地电压，检查电压正常；使用绝缘夹钳投入该支路正、负极熔断器，正、负极熔断器投入前应使用数字万用表对熔断器进行通断测试；投入此汇流箱断路器；使用钳形电流表检查支路电流正常，并在汇流箱采集板上检查该支路电流正常。

工作完毕：工作结束，按时汇报，并填写工作闭环单。对工作现场卫生进行清理检查，做到工完、料净、场地清，离开时将设备柜门上锁，使用的工器具清点并放置回工器具原来位置。

二、光伏组件 MC4 插头故障零电流

（一）安全防护用品及工器具

安全防护用品：安全帽、工作服、警示服、绝缘鞋、防护面罩、绝缘手套。

工器具：数字万用表、钳形电流表、绝缘夹钳、剥线钳、老虎钳、MC4 插头专用工具、MC4 压线钳。

材料：汇流箱钥匙、MC4 插头内芯、MC4 插头。

（二）操作流程

办理工作票：正确办理工作票。

工作地点核对：正确穿戴安全帽、工作服、警示服、绝缘鞋，到达消缺地点，核对设备名称编号无误后，准备开工。

故障查找：检查故障时，应对该汇流箱各支路电流，正、负极熔断器，电压进行检查，查出故障原因，即组件 MC4 插头故障。

停电：佩戴绝缘手套、防护面罩；断开汇流箱出线开关；使用绝缘夹钳取下对应支路正、负极熔断器。

缺陷处理：重新制作 MC4 插头，剥除线芯长度应合理，不应过长或过短；使用压线钳压接 MC4 内芯，内芯压接牢固；佩戴绝缘手套、防护面罩；将 MC4 插头对接牢固；使用万用表测量支路开路电压及对地电压，检查电压正常。

送电：佩戴绝缘手套、防护面罩；使用数字万用表对熔断器进行通断测试，使用绝缘夹钳投入此支路正、负极熔断器；投入此汇流箱出线开关；使用钳形电流表检查支路电流，并在汇流箱采集板上检查该支路电流正常。

工作完毕：工作结束，按时汇报，并填写工作闭环单。对工作现场卫生进行清理检查，做到工完、料净、场地清，离开时将设备柜门上锁，使用的工器具清点并放置回工器具原来位置。

三、 汇流箱熔断器熔断零电流

（一）安全防护用品及工器具

安全防护用品：安全帽、工作服、警示服、绝缘鞋、防护面罩、绝缘手套。

工器具：万用表、钳形电流表、绝缘夹钳、一字螺丝刀、十字螺丝刀、剥线钳、老虎钳。

材料：汇流箱钥匙、熔断器。

（二）操作流程

办理工作票：正确办理工作票。

缺陷核对：正确佩戴安全帽、工作服、警示服、绝缘鞋，到达消缺地点，核对设备名称、编号无误，准备开工。

缺陷处理：佩戴绝缘手套、防护面罩；断开汇流箱出线开关；使用绝缘夹钳取下对应支路正、负极熔断器；使用绝缘夹钳投入新的支路正、负极熔断器，正、负极熔断器投入前应使用数字万用表对熔断器进行通断测试；使用万用表测量支路开路电压及对地电压，检查电压正常。

送电：佩戴防护面罩、绝缘手套；投入此汇流箱出线开关；使用钳形电流表检查支路电流，并在汇流箱采集板上检查该支路电流正常。

工作完毕：工作结束，按时汇报，并填写工作闭环单。对工作现场卫生进行清理检查，做到工完、料净、场地清，离开时将设备柜门上锁，使用的工器具清点并放置回工器具原来位置。

四、 汇流箱支路设置错误、 电流异常

（一）安全防护用品及工器具

安全防护用品：安全帽、工作服、警示服、绝缘鞋。

工器具：数字万用表、钳形电流表、绝缘夹钳、一字螺丝刀、十字螺丝刀、剥线钳。

材料：汇流箱钥匙、熔断器、针形压线冷压端子。

（二）操作流程

办理工作票：正确办理工作票。

工作地点核对：正确穿戴安全帽、工作服、警示服、绝缘鞋，到达消缺地点，核对设备名称编号无误后，准备开工。

故障检查：佩戴绝缘手套；使用钳形电流表检查各支路电流正常；在采集板上检查母线电压、支路电流、波特率、汇流箱地址；查出故障原因，即汇流箱通信板支路数设置与实际接线数量不一致。

故障处理：将汇流箱通信板支路数设置修改为与汇流箱实际支路数一致，检查通信灯闪烁正常。

工作完毕：工作结束，按时汇报，并填写工作闭环单。对工作现场卫生进行清理检查，做到工完、料净、场地清，离开时将设备柜门上锁，使用的工器具清点并放置回工器具原来位置。

五、集中式逆变器通信配置

（一）安全防护用品及工器具

安全防护用品：安全帽、工作服、警示服、绝缘鞋。

工器具：笔记本电脑、网线。

材料：逆变器室钥匙。

（二）操作流程

办理工作票：正确办理工作票。

工作地点核对：正确穿戴安全帽、工作服、警示服、绝缘鞋，到达消缺地点，核对设备名称编号无误后，准备开工。

设备检查：检查逆变器本体运行正常，无故障告警；检查逆变器与数据采集柜通信管理机之间通信线状态，确认逆变器与数据采集柜通信管理机之间RS485接入正确；禁用调试笔记本电脑无线网功能，使用调试笔记本电脑连接通信管理机，配置笔记本电脑IP地址，打开电脑终端并输入通信管理机IP地址进行网络通断测试。

逆变器通信配置工作：打开通信管理机调试软件，上传配置文件至笔记本电脑上指定的文件夹中；打开配置文件，创建逆变器通信协议配置及串口配置，避免误修改或删除其他参数配置；编写逆变器通信配置文件；使用调试软件将逆变器通信配置文件导入到通信管理机对应目录下；在调试软件中点击"下载配置文件"，将软件中创建好的配置下载至通信管理机；使用调试软件对通信管理机执行重启操作；在调试软件画面中点击"联接目标机"菜单读取逆变器模入量数据；核对调试软件中采集到的逆变器电压、电流、功率等相关遥测数据，并与逆变器本体液晶显示屏中实时数据进行核对，确保数据一致；断开调试软件与通信管理机的连接。

工作完毕：工作结束，按时汇报，并填写工作闭环单。对工作现场卫生进行清理检查，做到工完、料净、场地清，离开时将设备柜门上锁，使用的工器具清点并放置回工器具原来位置。

第三节 电气设备倒闸操作

电气设备的倒闸操作分为运行、备用（热备用和冷备用）、检修三种状态。光伏电站升压站电气系统运行维护、检修试验及事故处理中往往涉及基础的倒闸操作。本节以某光伏发电站集电线路开关为例，重点介绍运行、检修状态切换，便于读者理解掌握倒闸操作。

某光伏发电站总额定容量为 20MW，分两期建设，项目每 10MW 为一回，共 2 回集电线路接入光伏发电站 35kV 开关站，35kV 系统采用单母线分段方式。主接线图如图 8-24 所示。其中，集电线路 1 开关 3531，集电线路 2 开关 3532。本节以集电线路（简称进线）1 开关 3531 为例说明，3531 进线柜二次空气断路器包括控制电源空气断路器 FS01、信号电源空气断路器 FS02、储能电源空气断路器 FS03、闭锁电源空气断路器 FS04、操控电源空气断路器 FS05、照明电源空气断路器 FS06、加热电源空气断路器 FS07（未启用）、计数器电源空气断路器 FS08、测量母线电压电源空气断路器 FS09、计量母线电压电源空气断路器 FS010。

一、 运行转检修 （手车在检修位）

（1）接值长令并核对命令正确。

（2）"五防"模拟预演正确。

（3）核对光伏进线 1 开关 3531 双重编号正确。

（4）检查光伏进线 1 开关 3531 "远方/就地"切换把手在"远方"位。

（5）控制室远方断开光伏进线 1 开关 3531。

（6）检查光伏进线 1 开关 3531 电气指示在"分闸"位。

（7）切光伏进线 1 开关 3531 "远方/就地"切换把手至"就地"位。

（8）检查光伏进线 1 开关 3531 "远方/就地"切换把手在"就地"位。

（9）检查光伏进线 1 开关 3531 机械指示在"分闸"位。

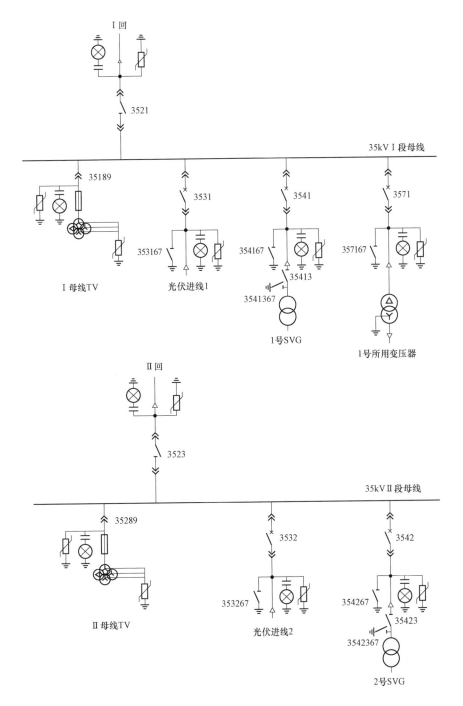

图 8-24　35kV 系统单母线主接线图

（10）摇出光伏进线 1 手车开关 3531 至"试验"位。

（11）检查光伏进线 1 手车开关 3531 电气指示在"试验"位。

（12）检查光伏进线 1 手车开关 3531 机械指示在"试验"位。

（13）断开光伏进线 1 开关 3531 控制电源空气断路器 FS01。

（14）检查光伏进线 1 开关 3531 控制电源空气断路器 FS01 在"分闸"位。

（15）断开光伏进线 1 开关 3531 信号电源空气断路器 FS02。

（16）检查光伏进线 1 开关 3531 信号电源空气断路器 FS02 在"分闸"位。

（17）断开光伏进线 1 开关 3531 储能电源空气断路器 FS03。

（18）检查光伏进线 1 开关 3531 储能电源空气断路器 FS03 在"分闸"位。

（19）断开光伏进线 1 开关 3531 闭锁电源空气断路器 FS04。

（20）检查光伏进线 1 开关 3531 闭锁电源空气断路器 FS04 在"分闸"位。

（21）断开光伏进线 1 开关 3531 操控电源空气断路器 FS05。

（22）检查光伏进线 1 开关 3531 操控电源空气断路器 FS05 在"分闸"位。

（23）断开光伏进线 1 开关 3531 照明电源空气断路器 FS06。

（24）检查光伏进线 1 开关 3531 照明电源空气断路器 FS06 在"分闸"位。

（25）断开光伏进线 1 开关 3531 计数器电源空气断路器 FS08。

（26）检查光伏进线 1 开关 3531 计数器电源空气断路器 FS08 在"分闸"位。

（27）断开光伏进线 1 开关 3531 测量母线电压电源空气断路器 FS09。

（28）检查光伏进线 1 开关 3531 测量母线电压电源空气断路器 FS09 在"分闸"位。

（29）断开光伏进线 1 开关 3531 计量母线电压电源空气断路器 FS010。

（30）检查光伏进线 1 开关 3531 计量母线电压电源空气断路器 FS010 在"分闸"位。

（31）拔下光伏进线 1 开关 3531 二次插头。

（32）检查光伏进线 1 开关 3531 二次插头已拔下。

（33）拉出光伏进线 1 手车开关 3531 至"检修"位。

（34）检查光伏进线 1 手车开关 3531 在"检修"位。

（35）检查光伏进线 1 开关 3531 静触头处绝缘挡板已封闭到位。

（36）检查光伏进线 1 开关 3531 三相带电指示灯灭。

（37）合上光伏进线 1 接地开关 353167。

（38）检查光伏进线 1 接地开关 353167 机械指示在"合闸"位。

（39）投入光伏进线 1 开关 3531 检修压板 PL1。

（40）检查光伏进线 1 开关 3531 检修压板 PL1 已投入。

（41）在光伏进线 1 开关 3531 操作把手处挂上"禁止合闸，有人工作！"标示牌。

（42）在光伏进线 1 开关 3531 控制电源空气断路器 FS01 处挂上"禁止合闸，有人工作！"标示牌。

（43）在光伏进线 1 开关 3531 信号电源空气断路器 FS02 处挂上"禁止合闸，有人工作！"标示牌。

（44）在光伏进线 1 开关 3531 储能电源空气断路器 FS03 处挂上"禁止合闸，有人工作！"标示牌。

（45）在光伏进线 1 开关 3531 闭锁电源空气断路器 FS04 处挂上"禁止合闸，有人工作！"标示牌。

（46）在光伏进线 1 开关 3531 操控电源空气断路器 FS05 处挂上"禁止合闸，有人工作！"标示牌。

（47）在光伏进线 1 开关 3531 照明电源空气断路器 FS06 处挂上"禁止合闸，有人工作！"标示牌。

（48）在光伏进线 1 开关 3531 计数器电源空气断路器 FS08 处挂上"禁止合闸，有人工作！"标示牌。

（49）在光伏进线 1 开关 3531 测量母线电压电源空气断路器 FS09 处挂上"禁止合闸，有人工作！"标示牌。

（50）在光伏进线 1 开关 3531 计量母线电压电源空气断路器 FS010 处挂上"禁止合闸，有人工作！"标示牌。

（51）回检正常。

二、 检修转运行 （手车在检修位）

（1）接值长令并核对命令正确。

（2）"五防"模拟预演正确。

（3）核对光伏进线 1 开关 3531 双重编号正确。

（4）摘下光伏进线 1 开关 3531 操作把手处"禁止合闸，有人工作！"标示牌。

（5）摘下光伏进线 1 开关 3531 控制电源空气断路器 FS01 处"禁止合闸，有人工作！"标示牌。

（6）摘下光伏进线 1 开关 3531 信号电源空气断路器 FS02 处"禁止合闸，有人工作！"标示牌。

（7）摘下光伏进线 1 开关 3531 储能电源空气断路器 FS03 处"禁止合闸，有人工作！"标示牌。

（8）摘下光伏进线 1 开关 3531 闭锁电源空气断路器 FS04 处"禁止合闸，有人工作！"标示牌。

（9）摘下光伏进线 1 开关 3531 操控电源空气断路器 FS05 处"禁止合闸，有人工作！"标示牌。

（10）摘下光伏进线 1 开关 3531 照明电源空气断路器 FS06 处"禁止合闸，有人工作！"标示牌。

（11）摘下光伏进线 1 开关 3531 计数器电源空气断路器 FS08 处"禁止合闸，有人工作！"标示牌。

（12）摘下光伏进线 1 开关 3531 测量母线电压电源空气断路器 FS09 处"禁止合闸，有人工作！"标示牌。

（13）摘下光伏进线 1 开关 3531 计量母线电压电源空气断路器 FS010 处"禁止合闸，有人工作！"标示牌。

（14）检查光伏进线 1 开关 3531 柜内无妨碍送电物。

（15）推入光伏进线 1 手车开关 3531 至"试验"位。

（16）检查光伏进线 1 手车开关 3531 机械指示在"试验"位。

（17）插上光伏进线 1 开关 3531 二次插头。

（18）检查光伏进线 1 开关 3531 二次插头已插上。

（19）退出光伏进线 1 开关 3531 检修压板 PL1。

（20）检查光伏进线 1 开关 3531 检修压板 PL1 已退出。

（21）合上光伏进线 1 开关 3531 控制电源空气断路器 FS01。

（22）检查光伏进线 1 开关 3531 控制电源空气断路器 FS01 在"合闸"位。

（23）合上光伏进线 1 开关 3531 信号电源空气断路器 FS02。

（24）检查光伏进线 1 开关 3531 信号电源空气断路器 FS02 在"合闸"位。

（25）合上光伏进线 1 开关 3531 储能电源空气断路器 FS03。

（26）检查光伏进线 1 开关 3531 储能电源空气断路器 FS03 在"合闸"位。

（27）合上光伏进线 1 开关 3531 闭锁电源空气断路器 FS04。

（28）检查光伏进线 1 开关 3531 闭锁电源空气断路器 FS04 在"合闸"位。

（29）合上光伏进线 1 开关 3531 操控电源空气断路器 FS05。

（30）检查光伏进线 1 开关 3531 操控电源空气断路器 FS05 在"合闸"位。

（31）合上光伏进线 1 开关 3531 照明电源空气断路器 FS06。

（32）检查光伏进线 1 开关 3531 照明电源空气断路器 FS06 在"合闸"位。

（33）合上光伏进线 1 开关 3531 计数器电源空气断路器 FS08。

（34）检查光伏进线 1 开关 3531 计数器电源空气断路器 FS08 在"合闸"位。

（35）合上光伏进线 1 开关 3531 测量母线电压电源空气断路器 FS09。

（36）检查光伏进线 1 开关 3531 测量母线电压电源空气断路器 FS09 在"合闸"位。

（37）合上光伏进线 1 开关 3531 计量母线电压电源空气断路器 FS010。

（38）检查光伏进线 1 开关 3531 计量母线电压电源空气断路器 FS010 在"合闸"位。

（39）检查光伏进线 1 开关 3531 机械指示在"分闸"位。

（40）断开光伏进线 1 接地开关 353167。

（41）检查光伏进线 1 接地开关 353167 机械指示在"分闸"位。

（42）检查光伏进线 1 接地开关 353167 电气指示在"分闸"位。

（43）摇入光伏进线 1 手车开关 3531 至"工作"位。

（44）检查光伏进线 1 手车开关 3531 电气指示在"工作"位。

（45）检查光伏进线 1 手车开关 3531 机械指示在"工作"位。

（46）切光伏进线 1 开关 3531"远方/就地"切换把手至"远方"位。

（47）检查光伏进线 1 开关 3531"远方/就地"切换把手在"远方"位。

（48）检查光伏进线 1 开关 3531 保护装置"分闸"灯亮。

（49）控制室远方合上光伏进线 1 开关 3531。

（50）检查光伏进线 1 开关 3531 电气指示在"合闸"位。

（51）检查光伏进线 1 开关 3531 机械指示在"合闸"位。

（52）检查 35kV 母线电压正常。

（53）回检正常。

三、倒闸操作前后核查项目

（一）倒闸操作前重点核查项目

（1）核实目前的系统运行方式。

（2）个人通信工具是否已关闭。

（3）是否有检修作业未结束。

（4）检查检修作业交代记录。

（5）所要操作的电气连接中是否有不能停电或不能送电的设备。

（6）是否已核实所要操作断路器（隔离开关）目前状态。

（7）检查电气防误闭锁装置工作正常。

（8）核实要操作设备的自动装置或保护投入情况记录。

（9）操作对运行设备、检修措施是否有影响。

（10）操作过程中需联系的部门或人员。

（11）操作需使用的安全工器具。

（12）操作需使用的备品、备件。

（13）操作需使用的安全标示牌。

（14）其他。

（二）倒闸操作后重点核查项目

（1）登记地线卡。

（2）登记绝缘值（如有）。

（3）修改模拟图（如有）。

（4）登记保护投退操作记录。

（5）拆除的接地线放回原存放地点（如有）。

（6）摘下的安全标示牌、使用的安全工器具放回原存放地点（如有）。

（7）未用完的备品、备件放回原存放地点（如有）。

（8）如实进行操作记录。

（9）向值长、机组长汇报。

（10）操作录音文件保存。

（11）值长对照录音对操作过程进行检查。

（12）其他。

本　章　小　结

本章介绍了光优组件性能检测、光伏发电单元安装调试及电气设备倒闸操作相关的典型作业项目。性能检测主要阐述了光伏组件外观检查、I-V 曲线测试、红外热成像测试和电致发光测试等项目的检测和分析方法。光伏发电单元安装调试主要对光伏组件安装、MC4 插头异常和汇流箱保险熔断导致的故障支路零电流，汇流箱支路设置错误导致电流异常和集中式逆变器通信配置等作业的安全防护和操作流程进行了介绍。电气设备倒闸操作结合具体光伏项目，给出了集电线路开关运行、检修状态切换的具体作业步骤。通过对本章内容的学习，有助于提升相关人员实际操作能力。

参 考 文 献

[1] 洪德宇. 单相两级式非隔离光伏并网逆变器的研究 [D]. 兰州：兰州交通大学，2023.

[2] 张林峰. 光伏电站接入调度系统方案研究 [D]. 济南：山东大学，2017.

[3] 孙岩. 光伏发电技术分析及应用探讨 [J]. 中国设备工程，2019 (5)：168-170.

[4] 程方. 钙钛矿高转换效率光伏材料合成技术进展综述 [J]. 山东电力技术，2023，50 (10)：18-27.

[5] 沈辉. 基于异质结光伏组件的系统设计方案 [J]. 上海电力大学学报，2023，39 (03)：271-274，280.

[6] 崔利宁. 基于重复和准PR复合控制的LCL型并网逆变器控制策略研究 [D]. 兰州：兰州交通大学，2020.

[7] 袁雅迪. 太阳能光伏发电的并网控制技术研究 [D]. 徐州：中国矿业大学，2021.

[8] 高蕴智. 低维材料光能转化应用的第一性原理计算研究 [D]. 合肥：中国科学技术大学，2023.

[9] 钟培. 智能电网调度运行面临的关键技术研究 [J]. 模具制造，2023，23 (12)：176-178.

[10] 金步平，吴建荣，刘士荣，等. 太阳能光伏发电系统 [M]. 北京：电子工业出版社，2016.

[11] 注册电气工程师执业资格考试复习指导教材编委会. 注册电气工程师执业资格考试专业考试复习指导书（发输变电专业）. 北京：中国电力出版社，2019.

[12] 叶子. 中国光伏产业领跑全球惠及世界 [N]. 人民日报（海外版），2024-4-10 (5).

[13] 耿路，杨景旭，王欣怡. 渔光互补产业模式发展研究 [J]. 经济研究导刊，2023，(24)：28-30.

[14] 牛玉娇. 化隆：牧光互补光伏上网电量达2.544亿千瓦时 [N]. 青海日报，2024-3-14 (4).

[15] 蓝虹. 青藏高原的"碳"路行走：探秘世界首例水光互补项目 [J]. 世界环境，2023，(6)：16-21.

[16] 刘小磊. 我国农光互补产业发展现状与展望 [J]. 产业创新研究，2023，(22)：65-67.

[17] 张臻. 光伏系统发电技术 [M]. 北京：电子工业出版社，2020.

[18] 李钟实. 太阳能光伏发电系统设计施工与应用 [M]. 北京：人民邮电出版社，2019.

[19] 李英姿. 太阳能光伏并网发电系统设计与应用 [M]. 2版. 北京：机械工业出版社，2020.

[20] 张兴. 太阳能光伏并网发电及其逆变控制 [M]. 2版. 北京：机械工业出版社，2021.

[21] 全生明. 大规模集中式光伏发电与调度运行 [M]. 北京：中国电力出版社，2016.

[22] 王梅义. 高压电网继电保护运行技术 [M]. 北京：电力工业出版社，1981.

[23] 曹团结，黄国方. 智能变电站继电保护技术与应用 [M]. 北京：中国电力出版社，2013.

[24] 国家电力调度通信中心. 电力系统继电保护实用技术问答 [M]. 北京：中国电力出版社，1999.

[25] 朴政国，周京华. 光伏发电原理、技术及应用 [M]. 北京：机械工业出版社，2020.

[26] 王兆安，黄俊. 电力电子技术 [M]. 4版. 北京：机械工业出版社，2009.

[27] 张冬洁，王志远，刘胜利. 太阳能在我国的应用与发展前景 [J]. 洛阳工学院学报，2001.22

(4)：1-20.

［28］罗运俊，何梓年，王长贵．太阳能利用技术［M］．北京：化学工业出版社，2005.

［29］余海．太阳能利用综述及提高其应用率的途径［J］．能源研究与应用，2004，79（3）：8-9.

［30］杨旭，裴云庆，王兆安．开关电源技术［M］．北京：机械工业出版社，2004.

［31］刘涤尘．电气工程基础［M］．武汉：武汉理工大学出版社，2003.

［32］刘介才．工厂供电［M］．北京：机械工业出版社，2005.

［33］史平君．实用电源技术手册．电源元器件分册［M］．沈阳：辽宁科学技术出版社，1999.

［34］石新春，王毅．电力电子技术［M］．北京：中国电力出版社，2005.

［35］赵争鸣，等．太阳能光伏发电及应用［M］．北京：科学出版社，2005.

［36］施光辉，崔亚楠，刘小娇，等．电致发光（EL）在光伏电池组件缺陷检测中的应用［J］．云南师范大学学报（自然科学版），2016，36（2）：17-21.

［37］崔世辉，张欣鹏，王琨．光伏电站场区通讯故障诊断与处理研究［J］．科学技术创新，2019，(1)：74-75.

［38］段春艳，班群，林涛．光伏产品检测技术［M］．北京：化学工业出版社，2016.

［39］李世民，喜文华．光伏组件热斑对发电性能的影响［J］．发电设备，2013，27（1）：61-63.

［40］马铭遥，张志祥，刘恒，等．基于 I-V 特性分析的晶硅光伏组件故障诊断［J］．太阳能学报，2021，42（6）：130-137.

［41］黄盛娟，唐荣，唐立军．光伏组件功率衰减分析研究［J］．太阳能，2015，(6)：21-25.